Tihomir Tomanic

Untersuchung des elektronischen Oberflächenzustands von Ag-Inseln auf supraleitendem Niob (110)

Experimental Condensed Matter Physics
Band 6

Herausgeber
Physikalisches Institut
    Prof. Dr. Hilbert von Löhneysen
    Prof. Dr. Alexey Ustinov
    Prof. Dr. Georg Weiß
    Prof. Dr. Wulf Wulfhekel

Eine Übersicht über alle bisher in dieser Schriftenreihe
erschienenen Bände finden Sie am Ende des Buchs.

Untersuchung des elektronischen Oberflächenzustands von Ag-Inseln auf supraleitendem Niob (110)

by
Tihomir Tomanic

Dissertation, Karlsruher Institut für Technologie (KIT)
Fakultät für Physik
Tag der mündlichen Prüfung: 20.07.12
Referenten: Prof. Hilbert von Löhneysen, Prof. Wulf Wulfhekel

Impressum

Karlsruher Institut für Technologie (KIT)
KIT Scientific Publishing
Straße am Forum 2
D-76131 Karlsruhe
www.ksp.kit.edu

KIT – Universität des Landes Baden-Württemberg und
nationales Forschungszentrum in der Helmholtz-Gemeinschaft

KIT Scientific Publishing 2012
Print on Demand

ISSN 2191-9925
ISBN 978-3-86644-898-8

Untersuchung des elektronischen Oberflächenzustands von Ag-Inseln auf supraleitendem Niob(110)

Zur Erlangung des akademischen Grades eines

DOKTORS DER NATURWISSENSCHAFTEN

bei der Fakultät für Physik

des Karlsruher Instituts für Technologie

genehmigte

DISSERTATION

von

Dipl.-Phys. Tihomir Tomanic

aus Bretten

Tag der mündlichen Prüfung: 20. Juli 2012

REFERENT: Prof. Dr. Hilbert von Löhneysen
KORREFERENT: Prof. Dr. Wulf Wulfhekel

Inhaltsverzeichnis

Inhaltsverzeichnis

Abbildungsverzeichnis

1 Einleitung

Bereits wenige Jahre nach der Entwicklung der Ginzburg-Landau- und BCS-Theorien kam die Frage auf, ob Supraleitung in zwei Dimensionen (2D) existiert und dadurch möglicherweise bei höheren Temperaturen auftritt [1, 2, 3]. Zu den ersten Vorschlägen für konkrete Systeme, bei denen eine 2D-Supraleitung beobachtet werden könnte, zählten Elektronen, welche sich in Oberflächenzuständen eines Festkörpers befinden. Weiterhin wurde Supraleitung im Bereich der Grenzflächen zweier Festkörper diskutiert. Hingegen müssen nicht unbedingt Oberflächen oder Grenzflächen vorhanden sein. Die höchsten bekannten Übergangstemperaturen finden sich bei den Kuprat-Hochtemperatur-Supraleitern. Diese stellen aufgrund ihrer Kristallstruktur quasi-zweidimensionale Systeme dar. Die Supraleitung findet hierbei in Kupferoxid-Ebenen statt. Mit Hilfe der Molekularfeldtheorie konnte gezeigt werden, dass Supraleitung in zwei Dimensionen zu einer erhöhten Robustheit führen kann [4, 5].

Supraleitung in dünnen Filmen ist seit vielen Jahren ebenfalls Bestandteil der Untersuchungen. Aufgrund der Erfahrung und stetig steigenden Qualität in der Herstellung, werden zunehmend Filme mit einer immer geringeren Anzahl an Monolagen auf ihre Supraleitung hin untersucht. Die Rastertunnelmikroskopie ermöglicht hierbei eine Untersuchung der lokalen elektronischen Eigenschaften in Verbindung mit einer genauen Kenntnis der Oberflächenstruktur und der Kontrolle auf etwaige Verunreinigungen. In dünnen Blei- und Indiumschichten auf Silizium konnte Supraleitung bis zu einer einzelnen Monolage nachgewiesen werden [6, 7].

Weitere Arbeiten umfassen die Herstellung von Supraleiter/Halbleiter-Heterostrukturen, in denen ein zweidimensionales Elektronengas in den Heterostrukturen [8] bzw. zweidimensionale Elektronengase an Oxid-Grenzflächen [9] erzeugt wurden. Hierbei konnte jedoch nicht geklärt werden, ob tatsächlich Supraleitung im zweidimensionalen Elektronengas durch die Anwesenheit des Supraleiters induziert wird oder die Grenzschicht selbst supraleitend wird. Theoretische Arbeiten zeigen Möglichkeiten auf, dass es zur Ausbildung einer Energielücke im Anregungsspektrum zusammen mit einem von Null verschiedenen Ordnungsparameter im zweidimensionalen Elektronengas kommt [7, 10].

In dieser Arbeit wurde mittels Rastertunnelmikroskopie und -spektroskopie untersucht, inwiefern ein zweidimensionales Elektronengas an einer Festkörperoberfläche supraleitende Eigenschaften annehmen kann, wenn diese durch den Proximity-Effekt in Kontakt mit einem Supraleiter steht. Hierfür wurde der elektronische Oberflächenzustand auf Ag(111)-Oberflächen als zweidimensionales Elektronengas genutzt. Als Substrate wurden Niob-Einkristalle verwendet, welche bei $T_c = 9.2\,\text{K}$ supraleitend werden. Die Untersuchungen fanden in Rastertunnelmikroskopen bei Temperaturen von 5 K und 0.7 K weit unterhalb T_c statt. Bisherige Arbeiten an epitaktischen Silber- (100-1000 nm) auf Niobfilmen bzw. Niobeinkristallen, die am Physikalischen Institut durchgeführt wurden, zeigen im diamagnetischen Abschirmverhalten, aufgrund der hohen Qualität der Schichten und der Silber/Niob-Grenzfläche und der damit verbundenen großen mittleren freien Weglänge, starke Abweichungen vom "dirty limit" [11]. Aufbauend auf diesen Erfahrungen wurden in dieser Arbeit sehr dünne Schichten auf Nb-Einkristallen hergestellt. Durch gezielte Temperung konnten wohl separierte Silberinseln erzeugt werden. Die Inseln stehen aufgrund der Herstellungsweise nach Abkühlen auf tiefe Temperaturen unter mechanischer Verspannung, die zu einer lokalen Dehnung des Kristallgitters und damit zu einer Veränderung der elektronischen Eigenschaften führt. Die Modifikation elektronischer Eigenschaften durch Einfluss auf die Gitterparameter ist auf vielen Gebieten der Elektronik, Physik oder Chemie von aktueller Bedeutung. In der Halbleitertechnik wird seit einigen Jahren erfolgreich durch gezielte Erzeugung mechanischer Spannungen die Ladungsträgermobilität beeinflusst [12, 13] und hierdurch die Schaltgeschwindigkeiten von Halbleiterbauelementen erhöht.

Im vorliegenden Fall von Ag auf Nb ist es möglich, die mechanische Verspannung zu nutzen um den Oberflächenzustand über die Fermi-Energie zu verschieben, sodass er vollständig depopuliert wird. Hierdurch ist man in der Lage, den Proximity-Effekt auf den Ag-Inseln, d. h. die lokale elektronische Zustandsdichte im Bereich der Fermi-Energie, in An- und Abwesenheit von Elektronen in Oberflächenzuständen, lokal mit Hilfe eines Rastertunnelmikroskops zu untersuchen. Etwaige Wechselwirkungen zwischen Supraleitung im Nb-Substrat und dem zweidimensionalen Elektronengas sollten sich auf diese Weise identifizieren lassen.

Aus der energetischen Lage der unteren Bandkante des Oberflächenzustands kann auf die lokale mechanische Verspannung geschlossen werden. Damit kann die Verteilung der mechanischen Verspannung auf Inseln unterschiedlicher Größen und Formen untersucht und der Einfluss von Defekten unterschiedlichster Art ermittelt werden. Es zeigt sich, dass die intrinsische Spannung insbesondere von der Form und Größe, jedoch kaum von der Dicke der Inseln abhängt.

2 Grundlagen

Dieses Kapitel beschäftigt sich zunächst mit den theoretischen Grundlagen der Rastertunnelmikroskopie, welche die hauptsächlich verwendete Messmethode in dieser Arbeit darstellt. Darauf folgen die grundsätzlichen Eigenschaften des Wachstums dünner Filme, einschließlich ihrer Morphologie und mechanischen Eigenschaften. Es werden die elektronischen Oberflächenzustände allgemein und im Besonderen auf der Ag(111) Oberfläche näher erläutert. Da die Herstellung der Ag-Inseln auf Nb(110) stattfand, schließt das Kapitel mit der Supraleitung und dem Proximity-Effekt zwischen einem supraleitenden und einem normalleitenden Metall.

2.1 Rastertunnelmikroskopie

Das Rastertunnelmikroskop (STM - Scanning tunneling microscope) gehört seit seiner Entwicklung durch G. Binnig und H. Rohrer 1982 [14] zu den wichtigsten Untersuchungsmethoden der Oberflächenphysik. Es bietet die Möglichkeit auf Metallen und Halbleitern atomare Auflösung zu erzielen, wodurch eine Untersuchung der Topographie als auch der elektronischen Eigenschaften von Oberflächen auf atomarer Längenskala möglich werden. Darüber hinaus kann eine Manipulation der Oberfläche durch Positionieren und Verschieben einzelner Atome durchgeführt werden.

Bei der Rastertunnelmikroskopie wird eine metallische und elektrisch leitende Spitze verwendet, die durch spezielle Präparation scharf und frei von Verunreinigungen hergestellt werden muss. Sie wird sehr nah an die Oberfläche einer (halb-)leitenden Probe gebracht, so dass die Entfernung im Bereich weniger Ångstrom liegt. Zwischen Probe und Spitze wird eine Spannung im Bereich weniger Millivolt bis Volt angelegt, die dazu führt, dass Ladungsträger durch die Potentialbarriere zwischen Probe und Spitze tunneln können. Dieser quantenmechanische Tunneleffekt erklärt einen Teil der Etymologie der Bezeichnung des Rastertunnelmikroskops.

Im einfachsten Modell beschreibt man das Elektron als ebene Welle e^{ikx}, die auf eine rechteckige Tunnelbarriere der Höhe $V = V_0$ zuläuft. An dieser wird sie mit einer gewissen Wahrscheinlichkeit $|r|^2$ reflektiert bzw. mit der komplementären Wahrscheinlichkeit $|t|^2 = 1 - |r|^2$ transmittiert. Im klassisch verbotenen Bereich der Potentialbarriere fällt die Aufenthaltswahrscheinlichkeit exponentiell ab. Somit ergeben sich folgende Aufenthaltswahrscheinlichkeiten für die drei Bereiche vor der Barriere $x < -s$, innerhalb der Barriere $-s < x < s$ und hinter der Barriere $s < x$:

$$\Psi = \begin{cases} \mathrm{e}^{ikx} + \mathrm{e}^{-ikx} & x < -s, \\ a\mathrm{e}^{\kappa x} + b\mathrm{e}^{-\kappa x} & -s < x < s, \\ t\mathrm{e}^{ikx} & x > s, \end{cases} \tag{2.1}$$

mit den Wellenzahlen $k = \sqrt{2m_\mathrm{e}E}/\hbar$ und $\kappa = \sqrt{2m_\mathrm{e}(U_0 - E)}/\hbar$. Die Vorfaktoren ergeben sich aus den Anschlussbedingungen der Stetigkeit der Wellenfunktion und deren Ableitung bei $x = \pm s$. Damit erhält man als Transmissionwahrscheinlichkeit

$$T = |t|^2 = \frac{1}{1 + \frac{V_0^2}{4E(E-U_0)}\sinh(2\kappa s)}$$

$$\approx \frac{4V_0^2}{E(E - U_0)}\mathrm{e}^{-2\kappa a}, \quad \text{falls} \quad \mathrm{e}^{-\kappa s} << 1. \tag{2.2}$$

Letztere Näherung ist bei der Geometrie der Rastertunnelmikroskopie stets anwendbar.

Durch diese exponentielle Abhängigkeit der Transmissionswahrscheinlichkeit und damit des Transmissionsstroms, ist das STM sehr empfindlich bezüglich des Abstands $2s$ zwischen Spitze und Probe. Durch eine elektronische Regelung des Abstands ist es möglich, die Oberfläche mit einer leitfähigen Spitze bei konstantem Tunnelstrom abzurastern. Dazu sitzt die Spitze auf einem Piezokristall, den man durch Anlegen einer Spannung deformieren kann. Hierdurch ist sowohl ein zeilenweises Abrastern der Probe durch laterale Deformation als auch die Regelung des Tunnelstroms durch die Elongation des Piezokristalls möglich. Typischerweise wird ein fixer Stromwert im Pico- bis Nanoampere-Bereich eingestellt. Eine Regel-Schleife regelt die z-Position der Spitze nach, während die Probe in der $x - y$-Ebene abgerastert wird. Die daraus gewonnene Information $z(x, y)$ wird als Topographie gespeichert.

Die meisten weitergehenden Theorien basieren auf dem Ansatz von Bardeen [15]. In dieser Arbeit konnte er zeigen, dass der Tunnelstrom I_T zwischen zwei Elektroden, die durch einen Isolator getrennt sind, durch

$$I_T = \frac{4\pi e}{\hbar} \int_{-\infty}^{\infty} [f(\mu - eU + \epsilon) - f(\mu + \epsilon)] D_P(\mu - eU + \epsilon) D_S(\mu + \epsilon) M^2 \, d\epsilon \quad (2.3)$$

mit der Fermifunktion

$$f(E) = \frac{1}{1 + e^{(E - \mu)/k_B T}} \quad (2.4)$$

gegeben ist. Dabei sind D_P und D_S die Zustandsdichten der Probe respektive Spitze und ϵ wird als Integrationsvariable genutzt. Das Übergangsmatrixelement für ein tunnelndes Elektron erhält man zu

$$M = \frac{\hbar}{2m} \int_{\text{Oberfl.}} (\psi_P^* \frac{\partial \psi_S}{\partial z} - \psi_P \frac{\partial \psi_S^*}{\partial z}) dA, \quad (2.5)$$

wobei ψ_P und ψ_S die ungestörten Wellenfunktionen von Spitze und Probe sind.

Tersoff und Hamann [16] nutzten dieses Modell und gingen weiterhin von einer kugelförmigen Spitze mit dem Krümmungsradius R und einer sphärischen, s-artigen Wellenfunktion aus. Für tiefe Temperaturen und kleine Tunnelspannungen U führt dies zu folgender Stromabhängigkeit:

$$I_T \propto D_S(\mu) D_P(\vec{r}_0, \mu) U e^{2R\sqrt{2m\phi}/\hbar}. \quad (2.6)$$

$D_S(\mu)$ ist dabei die Zustandsdichte der Spitze an der Fermikante und $D_P(\vec{r}_0, \mu)$ die lokale elektronische Zustandsdichte (local density of states: LDOS) der Probe bei $\vec{r}_0$ an der Fermikante. Zusätzlich hängt der Tunnelstrom exponentiell vom Abstand zwischen Spitze und Probe und deren mittlerer Austrittsarbeit $\bar{\phi} = (\phi_S + \phi_P)/2$ ab.

Für größere Tunnelspannungen muss der Strom aus Gleichung 2.6 über alle relevanten Energien integriert werden. Dies führt zu

$$I_T \propto U \int_0^{eU} D_S(\mu - eU + \epsilon) D_P(\mu, \epsilon) T(r, U, \epsilon) d\epsilon \quad (2.7)$$

mit dem Transmissionskoeffizienten [17]

$$T(r, U, \epsilon) \approx exp\left\{-2r\sqrt{\frac{2m}{\hbar}\left(\bar{\phi} + \frac{eU}{2} + \epsilon\right)}\right\},\tag{2.8}$$

mit dem Abstand r zwischen Spitze und Probe. Anhand Gl. 2.7 erkennt man, dass mit $z(x, y)$ eine Kontur der lokalen Zustandsdichte und nicht die "reine" Topographie aufgenommen wird. Außerdem geht in den Tunnelstrom auch die Zustandsdichte der Spitze ein, so dass für eine einfache Deutung eine möglichst konstante Zustandsdichte an der Fermikante experimentell erwünscht ist.

Die lokale Zustandsdichte der Probe lässt sich nun durch die Ableitung des Stroms von der Tunnelspannung entfalten:

$$\begin{aligned}
\frac{dI}{dU} &\propto \frac{d}{dU}\int_0^{eU} D_S(\mu - eU + \epsilon)D_P(\mu, \epsilon)T(r, U, \epsilon)d\epsilon \\
&\propto D_S(\mu)D_P(\mu + eU)T(r, U, eU) \\
&\quad + \int_0^{eU}\frac{d}{dU}D_S(\mu - eU + \epsilon)D_P(\mu, \epsilon)T(r, U, \epsilon)d\epsilon \\
&\quad + \int_0^{eU}D_S(\mu - eU + \epsilon)D_P(\mu, \epsilon)\frac{d}{dU}T(r, U, \epsilon)d\epsilon\,.
\end{aligned}\tag{2.9}$$

Unter der Annahme einer konstanten Zustandsdichte der Spitze und einer nur leichten Variation des Transmissionskoeffizienten für kleine Spannungen, wird der Beitrag durch den zweiten und dritten Term für gewöhnlich vernachlässigt. Damit erhält man

$$\frac{dI}{dU} \propto D_P(\mu + eU)\,.\tag{2.10}$$

Somit können über die differentielle Leitfähigkeit Rückschlüsse auf die elektronische Zustandsdichte orts- und energieaufgelöst gezogen werden. Die differentielle Leitfähigkeit kann entweder aus einer numerischen Ableitung der Stromabhängigkeit $I(U)$ oder direkt mit Hilfe eines Lock-In Verstärkers gewonnen werden. Letzterer verbessert das Signal-Rausch-Verhältnis deutlich.

2.2 Supraleitung und Proximity-Effekt

Seit der Entdeckung der Supraleitung 1911 durch H. Kamerlingh Onnes ist diese bis heute ein äußerst intensiv untersuchtes Gebiet der Physik. Erst deutlich später konnten mit der phänomenologischen Ginzburg-Landau-Theorie 1950 und der mikroskopischen BCS-Theorie 1957 bis in die heutige Zeit erfolgreiche Beschreibungen vieler Aspekte der Supraleitung gefunden werden.

Die von Ginzburg und Landau [18] entwickelte und nach ihnen benannte Theorie basiert auf der zuvor von Landau entwickelten Theorie der Phasenübergänge 2. Ordnung.

Die von Bardeen, Cooper und Schriefer (BCS) entwickelte Theorie [19, 20] basiert auf einem mikroskopischen Mechanismus. Hierbei entsteht die Supraleitung durch eine paarweise attraktive Wechselwirkung der Leitungselektronen eines Metalls. Die Austauschteilchen, die diese Wechselwirkung vermitteln, sind im Fall der konventionellen Supraleitung virtuelle Phononen. Es wird angenommen, dass die Paarwechselwirkung V bis zu einer kritischen Abschneideenergie $\hbar\omega_c$ existiert und unabhängig von der Energie und dem Wellenvektor $\vec{k}$ der Phononen ist. $\pm\hbar\omega_c$ entspricht ungefähr der Debyeenergie. Diese attraktive Wechselwirkung führt zur Bildung von Elektronenpaaren mit entgegengesetztem Impuls und Spin, den sogenannten Cooper-Paaren. Diese lassen sich vereinfacht als Bosonen beschreiben, so dass sie einen gemeinsamen Grundzustand einnehmen können. Unter der Annahme einer konstanten elektronischen Zustandsdichte $D(E_F)$ im Bereich $\hbar\omega_c$ um die Fermienergie, beträgt der Energiegewinn eines Elektronenpaares

$$E = 2E_F - \frac{2\hbar\omega_c \mathrm{e}^{-2/D(E_F)V}}{1 - \mathrm{e}^{-2/D(E_F)V}} \, . \tag{2.11}$$

Im Falle schwacher Kopplung der Elektronen, d. h. $D(E_F)V \ll 1$, erhält man

$$E \approx 2E_F - 2\hbar\omega_c \mathrm{e}^{-2/D(E_F)V} \, . \tag{2.12}$$

Die Energieabsenkung führt zu einer Instabilität des Elektronensystems, da alle Zustände bis zu E_F besetzt sind. Bardeen, Cooper und Schrieffer entwickelten daraufhin eine selbstkonsistente Theorie der Supraleitung. Es ergibt sich daraus eine Energielücke in der Einelektron-Zustandsdichte der Breite 2Δ um die Fermienergie, wobei

$$\Delta \approx 2\hbar\omega_c e^{-1/D(E_F)V} \tag{2.13}$$

ist. Man hat es also nun mit einem wechselwirkenden Viel-Teilchen-System zu tun, wodurch man auch zu neuen Quasiteilchenoperatoren übergehen muss. Für diese Quasiteilchen berechnet sich die Dispersionsrelation (siehe Abb. 2.1) in der BCS-Theorie zu

$$E_k^2 = \eta_k^2 + \Delta^2, \tag{2.14}$$

wobei $\eta_k = \hbar^2 k^2/2m - E_F$ die kinetische Energie der Elektronen ist,

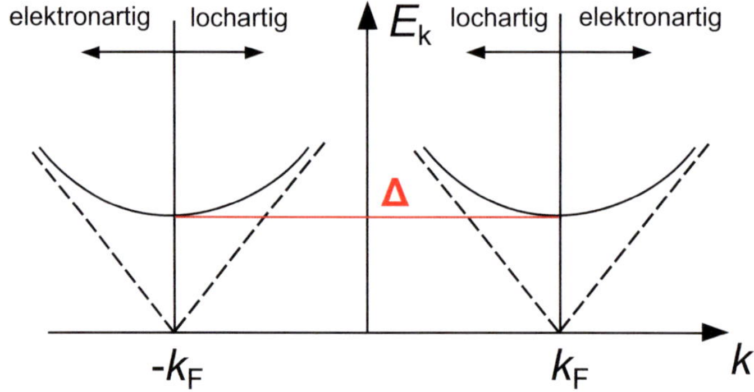

Abbildung 2.1: Anregungsenergie der Quasiteilchen in der Nähe der Fermienergie. Die gestrichelten Geraden zeigen die Anregungsenergien eines Normalleiters in der Nähe der Fermienergie.

gerechnet von der Fermi-Energie aus. Die Energie Δ stellt die minimale Anregungsenergie eines Quasiteilchens dar, wobei beim Aufbrechen eines Cooper-Paares zwei Quasiteilchen entstehen und dafür die Energie 2Δ notwendig ist. Diese Quasiteilchen sind zwar Eigenzustände eines wechselwirkungsfreien Fermi-Systems, haben jedoch keine anschauliche physikalische Interpretation. Sie sind elektronen- oder lochartig, je nachdem, ob $|k| > k_F$ oder $|k| < k_F$ ist. Für die Zustandsdichte der Quasiteilchen im supraleitenden Zustand erhält man

$$D_S(E_k) = \begin{cases} D_N(E_k)\dfrac{E_k}{\sqrt{E_k^2-\Delta^2}} & \text{für } E_k > \Delta \\ 0 & \text{für } E_k < \Delta. \end{cases} \tag{2.15}$$

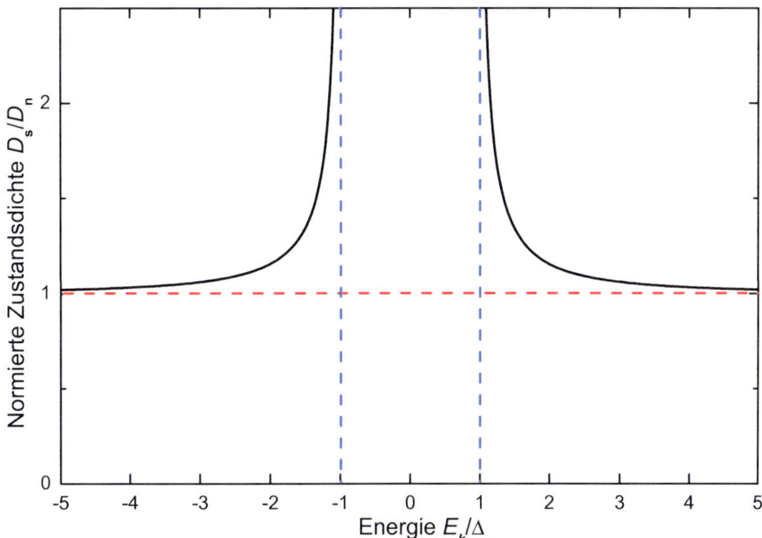

Abbildung 2.2: Auf die Zustandsdichte D_n des Normalleiters normierte BCS-Zustandsdichte der Quasiteilchen im supraleitenden Zustand als Funktion der Anregungsenergie.

D_N ist dabei die Zustandsdichte des Metalls in normalleitendem Zustand. In Abbildung 2.2 ist die durch die BCS-Theorie vorhergesagte Zustandsdichte gezeigt. Diese hat eine Energielücke von 2Δ und eine Singularität bei $\pm\Delta$. Für Energien deutlich größer bzw. kleiner erhält man die Zustandsdichte des normalleitenden Zustands.

Bei endlichen Temperaturen werden Cooper-Paare durch thermische Anregung aufgebrochen und Quasiteilchen erzeugt. Diese angeregten Quasiteilchen stehen für die Paarzustände nicht mehr zur Verfügung. Dadurch nimmt die Energielücke $\Delta(T)$ mit steigender Temperatur stetig ab und verschwindet bei einer kritischen Temperatur T_c vollständig. Es ergibt sich für die kritische Temperatur

$$k_\mathrm{B}T_\mathrm{c} = 1.13\hbar\omega_\mathrm{c}\mathrm{e}^{-1/N(E_\mathrm{F})V} \tag{2.16}$$

und als materialunabhängige Beziehung

$$\Delta(0) = 1.764 k_\mathrm{B}T_\mathrm{c}. \tag{2.17}$$

Für stark koppelnde Supraleiter, bei denen die Kopplungskonstante $D(E_\mathrm{F})V$ größere Werte annimmt, muss die BCS-Theorie etwas modifiziert werden.

Aus der Energielücke erhält man, unter Verwendung der Fermigeschwindigkeit v_F, die BCS-Kohärenzlänge der Cooper-Paare

$$\xi_0 = \hbar v_\mathrm{F}/2\Delta(0). \tag{2.18}$$

Bringt man einen Supraleiter S in Kontakt mit einem Normalleiter N, so werden supraleitende Eigenschaften in N induziert. Umgekehrt wird die Supraleitung in S im Bereich der Grenzfläche geschwächt. Diese wechselseitige Beeinflussung wird als supraleitender Proximity-Effekt bezeichnet. Der mikroskopische Mechanismus hierfür ist die Andreev-Reflexion [21, 22].

Aufgrund der Energielücke an der Fermienergie in der Quasiteilchenzustandsdichte in S, gibt es für aus N kommende Elektronen mit Energien im Bereich der Energielücke keine freien Zustände in S, sodass dieser Transfer nicht möglich ist. Jedoch kann ein ankommendes Elektron als Loch retroreflektiert werden, während dabei ein Cooper-Paar in S übergeht [23]. Dieser Prozess ist in Abb. 2.3 schematisch dargestellt. Aufgrund der Zeitumkehrinvarianz ist auch der umgekehrte Prozess eines ankommenden Lochs mit einem retroreflektierten Elektron möglich. Die Umkehr des Elektronenimpulses ist jedoch nur dann exakt, wenn die Energie des Elektrons genau bei der Fermienergie liegt. Weicht der Wellenvektor $k_\mathrm{e} = k_\mathrm{F} + \delta$ etwas vom Wellenvektor k_F ab, so ergibt sich $k_\mathrm{h} = k_\mathrm{F} - \delta$ für das reflektierte Loch. Die daraus resultierende Phasenverschiebung führt zu einem Verlust der Phasenkohärenz. Für den Fall, dass die mittlere freie Weglänge des Normalmetalls l_N viel kleiner als die Kohärenzlänge ξ_N ("dirty limit") ist, ergibt sich für die Kohärenzlänge eines Elektron-Loch-Paares

$$L_\epsilon = \sqrt{\frac{\hbar D}{\epsilon}} \tag{2.19}$$

mit $\epsilon = |E - E_\mathrm{F}|$ und der Diffusionskonstanten $D = \frac{v_\mathrm{F} l_\mathrm{N}}{3}$ [24].

Die Kohärenzlänge L_ϵ fällt bei der Energie $\epsilon = 2\pi k_\mathrm{B} T$ mit der thermischen Kohärenzlänge ξ_N zusammen. Diese ist charakteristisch für eine Elektronenverteilung im thermischen Gleichgewicht. Die tatsächliche Kohärenzlänge ist weiterhin durch die Phasenkohärenzlänge (mittlere freie Weglänge bis zum Verlust der Phasenkohärenz) eines einzelnen Quasiteilchens beschränkt und kann zwischen der thermischen Kohärenzlänge (bei $\epsilon = 2\pi k_\mathrm{B} T$) und der Phasenkohärenzlänge L_ϕ (bei $\epsilon = 0$) liegen.

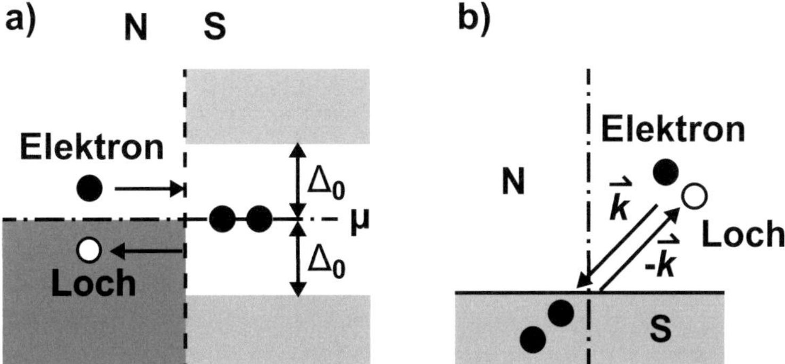

Abbildung 2.3: a) Energiediagramm zur Andreev-Reflexion: ein ankommendes Elektron wird an der N-S-Grenzfläche als Loch retroreflektiert, während sich im Supraleiter ein Cooper-Paar bildet. b) Im Realraum: Im Gegensatz zur normalen Reflexion, bewegt sich das retroreflektierte Loch entlang des Pfades des ankommenden Elektrons.

Im Falle des "clean limit" ($l_{\mathrm{N}} \gg \xi_{\mathrm{N}}$) ist die Kohärenzlänge nur durch die Fermigeschwindigkeit v_{F} und die Temperatur T gegeben:

$$\xi_{\mathrm{N,clean}} = \frac{\hbar v_{\mathrm{F}}}{k_{\mathrm{B}} T} \, .$$
(2.20)

Somit liegt die Kohärenzlänge im Normalleiter im Allgemeinen zwischen $\xi_{\mathrm{N,clean}}$ und

$$\xi_{\mathrm{N,dirty}} = \sqrt{\frac{\hbar D}{2\pi k_{\mathrm{B}} T}} = \sqrt{\frac{l_{\mathrm{N}} \xi_{\mathrm{N,clean}}}{3}} \, ,$$
(2.21)

falls die Diffusionskonstante durch die freie Weglänge ausgedrückt wird.

Der Proximity-Effekt ist von theoretischer Seite sowohl im ballistischen [25, 26, 27, 28, 29] als auch im diffusiven Bereich [30, 31, 32, 33, 28, 29, 34] intensiv untersucht worden. Darauf soll jedoch nicht im Detail, sondern lediglich auf einige wesentlichen Eigenschaften eingegangen werden. Betrachtet man die Energielücken in den oben erwähnten Grenzfällen, so tritt im "clean limit" keine Energielücke auf. Diese beginnt sich jedoch bereits bei sehr kleinen Verunreinigungskonzentrationen [28] auszubilden. Dies wäre bereits bei einem Verhältnis der Dicke zur mittleren freien Weglänge des Normalleiters von $d/l_\mathrm{N} \approx 0.03$ der Fall. Mit weiter zunehmendem Verhältnis d/l_N nimmt die Energielücke jedoch wieder ab. Belzig et al. [33] berechneten die Abhängigkeit zu

$$E_\mathrm{gap} = \frac{\Delta}{1 + c \cdot d_\mathrm{N}/\xi_\mathrm{N}}; \; c \approx 0.8 \,. \tag{2.22}$$

Die Stärke des Proximity-Effekts kann durch den Parameter $\gamma = \sigma_\mathrm{N}/(\sigma_\mathrm{S}) \cdot \sqrt{D_\mathrm{S}/D_\mathrm{N}} \propto \sqrt{l_\mathrm{N}/l_\mathrm{S}}$ ausgedrückt werden. Über die unterschiedlichen Leitfähigkeiten $\sigma_\mathrm{N/S}$ und Diffusionskonstanten $D_\mathrm{N/S}$ gehen die materialspezifischen Fermigeschwindigkeiten ein. Für den Fall identischen Materials bzw. identischer Materialparameter erhält man $\gamma = 1$. Im Falle $\gamma < 1$ reduziert sich die Energielücke und für $\gamma > 1$ vergrößert sie sich. Damit verbunden ist auch eine Veränderung der Quasiteilchenzustandsdichte, welche auch für $T = 0$ zu Verrundungen an den Singularitäten bei $E = \pm\Delta$ führt. Die Beschaffenheit der Grenzfläche zwischen Supra- und Normalleiter geht durch den Parameter $\gamma_\mathrm{B} = R_\mathrm{Grenz}/D_\mathrm{N}\xi_\mathrm{N}$ ein. R_Grenz ist der Widerstand der Grenzfläche, D_N der spezifische Widerstand des Normalleiters und ξ_N die Kohärenzlänge des Normalleiters. In γ_B gehen dadurch Widerstände an der Grenzfläche ein, welche beispielsweise durch Verunreinigungen verursacht werden können. Bei perfekter Transparenz ergibt sich somit $\gamma_\mathrm{B} = 0$, wohingegen $\gamma_\mathrm{B} \rightarrow \infty$ auf einen Tunnelkontakt hindeutet. Mit steigendem γ_B wird die Andreev-Reflexion unterdrückt und die Supraleitung auf der S-Seite weniger geschwächt.

Aufgrund der Andreev-Reflexion erhält man somit für genügend dünne Normalleiter bei einer hinreichenden Transparenz der Grenzfläche und einer ausreichend hohen freien Weglänge dieselbe Quasiteilchenzustandsdichte und Energielücke an der Fermienergie, wie im Supraleiter.

2.3 Wachstum und mechanische Eigenschaften dünner Filme

Eines der am häufigsten verwendeten Verfahren zur Herstellung dünner Filme ist das thermische Verdampfen im Ultrahochvakuum (UHV). Das aufzudampfende Material kann entweder direkt bei hohem Strom durch Joulesche Wärme geheizt werden, oder es befindet sich in einem Tiegel aus geeignetem Material, welcher erhitzt wird. Zur Vermeidung des Einbaus von Verunreinigungen aus der Restgasatmosphäre ist typischerweise ein Druck von höchstens 10^{-9} mbar erwünscht. Für gewöhnlich sind derart hergestellte Filme polykristallin. Bei Verwendung eines geeigneten einkristallinen Substrats und unter bestimmten Aufdampfbedingungen kann es jedoch zu einkristallinem Wachstum kommen. Dies wird, abhängig davon ob Film und Substrat aus gleichem oder unterschiedlichem Material bestehen, als Homo- bzw. Heteroepitaxie bezeichnet.

Betrachtet man den atomistischen Prozess des Filmwachstums [35, 36], so treffen zunächst die Atome (oder Moleküle) auf die Substratoberfläche und relaxieren dort auf die Substrattemperatur. Sie können nun entweder wieder desorbieren, in das Substrat diffundieren bzw. eingebaut werden, oder sie diffundieren auf der Oberfläche. Dieser Diffusionsprozess kann zur Nukleation von 2D- bzw. 3D-Clustern und danach zur Anlagerung an bereits vorhandene Cluster oder Kanten bzw. andere Defekte führen. All diesen Prozessen ist gemein, dass sie thermisch aktiviert sind und aufgrund unterschiedlicher Aktivierungsenergien mit unterschiedlichen Geschwindigkeiten ablaufen.

Die letztlich eingenommene Konfiguration muss nicht die stabilste sein, da die oben aufgezählten, ablaufenden Prozesse unterschiedliche Reaktionspfade mit unterschiedlicher Kinetik einschlagen können. Grundsätzlich können, abhängig von dem bei dieser Temperatur zur Verfügung stehenden Zeitintervall, einzelne Regionen oder auch größere Gebiete im thermodynamischen Gleichgewicht sein. In diesem Fall kann die Thermodynamik genutzt werden, um mit Hilfe der Minimierung der freien Energie, den eingenommenen Gleichgewichtszustand zu beschreiben.

Phänomenologisch wird zwischen drei Wachstumsmoden [37, 38] unterschieden (siehe Abb. 2.4):

- Schichtwachstum (Frank-van-der-Merwe-Modus) wird beobachtet, wenn die Wechselwirkung zwischen Substrat und Adsorbatatomen stärker ist, als die benachbarter Adsorbatatome. Die nächste Monolage wächst erst nach Vervollständigung der vorhergehenden.

- Inselwachstum (Vollmer-Weber-Modus) ergibt sich, wenn die Wechselwirkung zwischen benachbarten Adsorbatatomen stärker ist, als die Substrat-Adsorbat-Wechselwirkung.

- Schicht- und nachfolgendes Inselwachstum (Stranski-Krastanov-Modus) ist ein Zwischenstadium, bei dem es, nach anfänglichem Schicht-

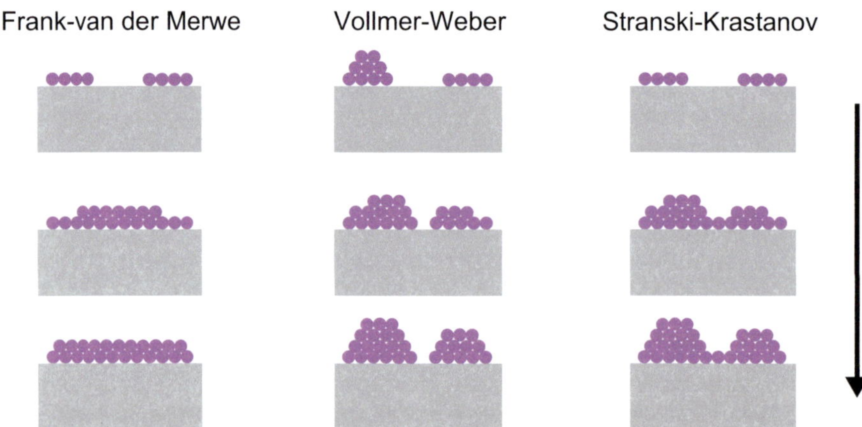

Abbildung 2.4: Man unterscheidet zwischen drei grundsätzlichen Wachstumsarten. Diese sind, mit in Pfeilrichtung zunehmender Bedeckung, schematisch dargestellt.

wachstum von einer bis mehreren Monolagen, zu Inselwachstum kommt. Viele Faktoren können für diese Wachstumsart verantwortlich sein. Beispielsweise kann ein Gitterfehlpass nach mehreren Lagen nicht mehr aufrecht erhalten werden oder die Orientierung bzw. Symmetrie der nächsten Monolage können wechseln.

Für die unterschiedlichen Wachstumsmoden spielt u. a. die Änderung der elastischen Energie während des Filmwachstums eine bedeutende Rolle [38]. Verspannungen können ebenfalls erheblichen Einfluss auf elektronische Zustände dünner Filme ausüben, weshalb hier kurz auf die lineare Elastizitätstheorie zur Beschreibung der mechanischen Spannungen in dünnen Filmen [38, 39] eingegangen wird.

Zur Beschreibung der Dehnung eines Körpers wird der infinitesimale Verzerrungstensor

$$\epsilon_{ij} = \frac{1}{2}\left(\frac{\partial u_i}{\partial x_j} + \frac{\partial u_j}{\partial x_i}\right) \tag{2.23}$$

eingeführt, wobei sich die Verschiebung an der Stelle $\vec{r}$ im Verschiebungsvektor $\vec{u}(\vec{r})$ ausdrückt. Der Verzerrungs- bzw. Dehnungstensor ist ein symmetrischer Tensor 2. Stufe, dessen Diagonalelemente die Dehnungen in Richtung der Koordinatenachsen und dessen Nebendiagonalelemente die Scherungen auf der j-Ebene in i-Richtung sind ($i, j = x, y, z$). Die

Volumenänderung ergibt sich aus der Spur des Dehnungstensors.

Weiterhin wird die in i-Richtung wirkende Kraft auf ein infinitesimales Flächenelement der j-Ebene als Spannungstensor σ_{ij} eingeführt. Auch dieser Tensor 2. Stufe ist, aufgrund des Momentengleichgewichts, symmetrisch.

Bei linearem elastischen Verhalten eines Körpers kann einem Verzerrungszustand eindeutig ein Spannungszustand $\sigma_{ij} = \sigma_{ij}(\epsilon_{kl})$ zugeordnet werden und es gilt das allgemeine Hookesche Gesetz

$$\sigma_{ij} = C_{ijkl}\epsilon_{kl} \,. \tag{2.24}$$

Der Elastizitätstensor C_{ijkl} ist ein Tensor 4. Stufe mit 81 Komponenten. Aufgrund der Symmetrie des Spannungs- bzw. Dehnungstensors und der Forderung einer wegunabhängigen Energiedichte eines elastisch verzerrten Körpers, reduziert sich die Zahl auf 21 unabhängige Komponenten.

Die Symetriebeziehungen ermöglichen die Einführung der vereinfachten Voigt-Notation. Dabei werden je zwei Indizes wie folgt zusammengefasst: $xx \rightarrow 1$, $yy \rightarrow 2$, $zz \rightarrow 3$, $yz \rightarrow 4$, $zx \rightarrow 5$ und $xy \rightarrow 6$. Dies kann ebenfalls beim Spannungs- und Dehnungstensor verwendet werden. Für den Dehnungstensor gilt jedoch eine Ausnahme, auf deren Ursache nicht weiter eingegangen wird: $\epsilon_{xx} \rightarrow \epsilon_1$, $\epsilon_{yy} \rightarrow \epsilon_2$, $\epsilon_{zz} \rightarrow \epsilon_3$, $2\epsilon_{yz} \rightarrow \epsilon_4$, $2\epsilon_{zx} \rightarrow \epsilon_5$ und $2\epsilon_{xy} \rightarrow \epsilon_6$.

Für den Fall eines kubischen Kristalls, bei welchem die drei kubischen Achsen gleichwertig sind, sind die Diagonalkomponenten für die Dehnung und die Scherung identisch. Es gilt $C_{11} = C_{22} = C_{33}$ und $C_{44} = C_{55} = C_{66}$. Dasselbe Argument lässt sich auch für Scherungen anwenden, woraus sich $C_{12} = C_{13}$, usw. ergibt. Da bei einer Scherung auch keine Normalspannungen entstehen, ist $C_{14} = C_{15}$ usw. $= 0$. Außerdem entsteht bei einer Scherung längs einer Richtung keine Scherung quer dazu. Es ist also $C_{45} = 0$ usw.

Damit reduziert sich der elastische Tensor auf 3 unabhängige Komponenten und hat folgende Form:

$$\begin{pmatrix} C_{11} & C_{12} & C_{12} & 0 & 0 & 0 \\ C_{12} & C_{11} & C_{12} & 0 & 0 & 0 \\ C_{12} & C_{12} & C_{11} & 0 & 0 & 0 \\ 0 & 0 & 0 & C_{44} & 0 & 0 \\ 0 & 0 & 0 & 0 & C_{44} & 0 \\ 0 & 0 & 0 & 0 & 0 & C_{44} \end{pmatrix} \,.$$

Ist der Körper zusätzlich einer Temperaturänderung ausgesetzt, so müssen die thermische Ausdehnung und die Temperaturabhängigkeit des Elastizitätstensors berücksichtigt werden. Zwar kann für kleine Temperaturänderungen von einer linearen Beziehung $\epsilon_{ij}^T = \alpha_{ij}^T \Delta T$ ausgegangen werden, für größere Temperaturdifferenzen, insbesondere für tiefe Temperaturen, ist der Ausdehnungskoeffizient jedoch stark nichtlinear.

Die sich daraus ergebenden Differentialgleichungen lassen sich nur in den trivialsten Fällen analytisch lösen, sodass zumeist numerische Methoden, wie die Methode der finiten Elemente (FEM), ihre Anwendung finden.

2.4 Elektronische Zustände an Festkörper-Oberflächen

Elektronische Oberflächenzustände treten aufgrund einer Symmetriebrechung an der Oberfläche des Kristalls auf. Wird ein unendlich ausgedehnter kristalliner Festkörper in zwei Hälften aufgetrennt, so ist an der entstandenen Oberfläche die Translationssymmetrie verletzt. Dies kann bei den Metallen Cu, Ag und Au zur Ausbildung eines elektronischen Oberflächenzustands führen. Betrachtet man die Fermiflächen von Cu, Ag und Au (siehe Abb. 2.5), so zeigen diese große Ähnlichkeit. Alle Fermiflächen liegen innerhalb der ersten Brillouin-Zone, wobei sie einen "Hals" zum Rand der Brilloun-Zone in <111>-Richtung aufweisen. In diesen Bereichen liegen in der Bandstruktur des Volumenkristalls keine elektronischen Zustände. Jedoch existieren in dieser Bandlücke elektronische Oberflächenzustände, die zum ersten Mal von Kevan und Gaylord mit Hilfe der Photoemissionsspektroskopie beobachtet [40] und anschließend durch Everson et al. [41, 42] mit Hilfe der Rastertunnelmikroskopie untersucht wurden.

Die ersten theoretischen Arbeiten wurden von Igor Tamm 1932 [44] durchgeführt. In diesen Arbeiten fand ein eindimensionales Kronig-Penney-Modell Verwendung, welches in späteren Arbeiten erweitert wurde. Es gab in den darauffolgenden Jahren viele Arbeiten, die jedoch eher methodischen Fortschritt brachten [45]. 1939 konnte William Shockley [46] zeigen, dass ein Modell quasifreier Elektronen ebenfalls die Existenz von Oberflächenzuständen vorhersagte. Bis auf die unterschiedlichen Herangehensweisen gibt es keinen physikalischen Unterschied zwischen Shockley-

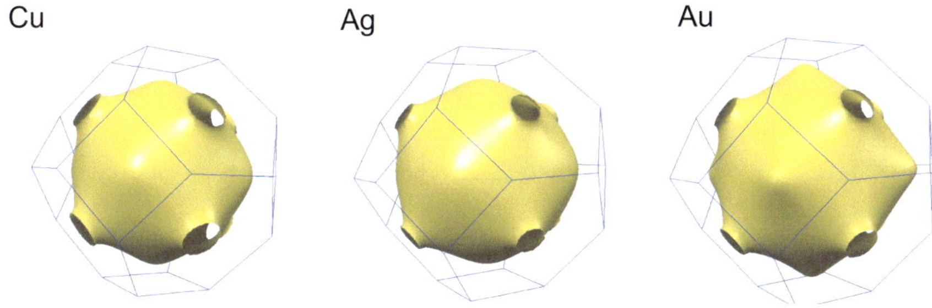

Abbildung 2.5: Die Fermiflächen der Edelmetalle Cu, Ag und Au liegen innerhalb der ersten Brillouin-Zone und weisen Hälse entlang der <111>-Richtungen auf, in denen die Oberflächenzustände existieren [43].

Zuständen und Tamm-Zuständen [45]. Auf diese Unterschiede wird im Folgenden nicht weiter eingegangen.

Innerhalb des Kristalls geht man von Elektronen in einem periodischen Potential [36, 45] entlang der z-Richtung $V(z + \mathrm{l}a) = V(z)$ ($\mathrm{l} \in \mathbb{N}$; Gitterkonstante: a) aus, welches zur Schrödingergleichung

$$[-\frac{\hbar^2}{2m}\frac{\mathrm{d}^2}{\mathrm{d}z^2} + V(z)]\Psi(z) = E\Psi(z), \qquad (2.25)$$

mit

$$V(z) = \begin{cases} V(z + \mathrm{l}a) & \text{für} \quad z < 0 \\ V_0 & \text{für} \quad z > 0 \end{cases} \qquad (2.26)$$

führt. Aufgrund der Periodizität des Kristalls und der Reflexion an der Oberfläche erhält man eine Linearkombination von Bloch-Zuständen. Für $z > 0$ müssen die Wellenfunktionen exponentiell ins Vakuum abfallen:

$$\Psi(z) = \begin{cases} Bu_{-k}\mathrm{e}^{-ikz} + Cu_k\mathrm{e}^{ikz} & \text{für} \quad z < 0 \\ A\exp[-\sqrt{\frac{2m}{\hbar^2}(V_0 - E)}\,z] & \text{für} \quad z > 0. \end{cases} \qquad (2.27)$$

Für den dreidimensionalen Fall ergibt sich, aufgrund der Periodizität in der Oberflächenebene ($\vec{r}_{\|} = \vec{x} + \vec{y}$ und $\vec{k}_{\|} = \vec{k}_x + \vec{k}_y$), analog dazu

$$\Psi_0(r) = \Psi_0(z)u_{k_{\|}}(r_{\|})\mathrm{e}^{-ir_{\|}k_{\|}} \qquad (2.28)$$

	E_0 [meV]	m^*/m_e	k_F [1/Å]
Ag(111)	63	0.397	0.08
Au(111)	487	0.255	0.167/0.192
Cu(111)	435	0.412	0.215

Tabelle 2.1: Parameter der elektronischen Oberflächenzustände für Ag, Au und Cu [47]. Für Au erhält man eine Spin-Bahn-Aufspaltung um $\Delta k = \pm 0.013 \text{Å}^{-1}$.

mit der Energiedispersion

$$E = E_0 + \frac{\hbar^2 k_{\parallel}^2}{2m^*} \tag{2.29}$$

und dem Minimum E_0. Die Zustandsdichte $D(E)$ ist, wie für ein zweidimensionales freies Eletronengas (2DEG) erwartet, eine Stufenfunktion

$$D(E) = \frac{2\pi m^*}{h^2} \Theta(E - E_0). \tag{2.30}$$

Tabelle 2.1 enthält die Parameter der bereits diskutierten Metalle (Ag, Cu und Au), welche mit Hilfe der Photoemissionsspektroskopie [47] bestimmt wurden. Aufgrund der Spin-Bahn-Kopplung, die mit der Ordnungszahl stark ansteigt, kommt es insbesondere bei schweren Elementen wie z.B. Au zu einer Aufspaltung der elektronischen Oberflächenzustände auf der (111)-Oberfläche um $\Delta k = \pm 0.013 \text{Å}^{-1}$ in zwei Bänder. Für die Ag(111)-Oberfläche ergeben Rechnungen mit Hilfe der Dichtefunktionaltheorie (DFT) eine um den Faktor 20 kleinere Aufspaltung. Diese Aufspaltung hat ihre Ursache im Potentialgradienten der Oberfläche, welcher einen relativistischen Effekt auf das 2DEG hat. Durch eine Lorentz-Transformation wird aus dem elektrischen Feld im Eigensystem des Elektrons ein Magnetfeld, welches zu einer Zeeman-Aufspaltung führt. Dies ist auch als Rashba-Effekt [48, 49] bekannt, dessen Theorie für ein 2DEG in halbleitenden Heterostrukturen entwickelt wurde. Der Rashba-Hamiltonoperator ist von folgender Form:

$$\mathcal{H}_R = \alpha_R (\hat{z} \times \hbar \vec{k}) \vec{s}, \tag{2.31}$$

wobei α_R der Rashba-Parameter, $\hat{z}$ der Normaleneinheitsvektor, $\hbar \vec{k}$ der Impuls und $\vec{s}$ der Spin des Elektrons sind. Die mikroskopische Ursache ist

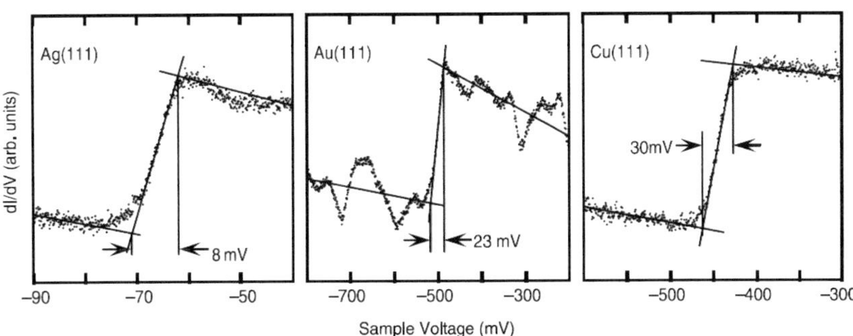

Abbildung 2.6: dI/dV-Spektren für Ag(111), Au(111) und Cu(111). Alle Spektren wurden in defektfreien Gegenden mit unterschiedlichen Spitzen aufgenommen. Diese wurden [51] entnommen. Anhand der Breite des Anstiegs wurden Rückschlüsse auf die Lebensdauern der Elektronen in den elektronischen Oberflächenzuständen gezogen.

die Spin-Bahn-Kopplung [49, 50] mit dem Hamiltonoperator

$$\mathcal{H}_{\mathrm{SB}} = \frac{2}{c^2}(\nabla V \times \vec{p})\vec{s}. \tag{2.32}$$

Entscheidend ist hier der Gradient des Coulomb-Terms des Nukleus ∇V der Oberflächenatome. Der Hamiltonoperator $\mathcal{H}_{\mathrm{SB}}$ reduziert sich auf $\mathcal{H}_{\mathrm{R}}$, falls ein freies Elektronensystem mit einem externen elektrischen Feld vorliegt. Damit ist die Größe der Aufspaltung des entarteten Bandes vom Gradienten des antisymmetrischen Coulomb-Terms und der Aufenthaltswahrscheinlichkeit des Oberflächenzustands abhängig.

Mit Hilfe der Photoemissionsspektroskopie lässt sich die Bandstruktur des Oberflächenzustands impuls- und spinaufgelöst untersuchen. Allerdings erlaubt diese Methode nicht die Topographie zu prüfen und den Grad an Verunreinigungen ortsaufgelöst zu bestimmen. Mit Hilfe der Rastertunelmikroskopie und -spektroskopie lassen sich Oberflächenzustände auf defektfreien Oberflächen oder auch speziell präparierten Nanostrukturen untersuchen. In Abb. 2.6 werden dI/dV-Spektren für Ag(111), Au(111) und Cu(111) gezeigt. Wird mit steigender Spannung die Energie des Dispersionsminimums des Oberflächenzustands erreicht, so steigt die Zustandsdichte stufenförmig an.

Eine Möglichkeit, die Dynamik der Oberflächenzustände zu untersuchen, ist, diese auf der Oberfläche räumlich einzugrenzen. Dies lässt sich beispielsweise durch atomare Manipulation mit Hilfe des STM [52], durch Erzeugung von "Leerstelleninseln" mit Hilfe von Ar^+-Sputtern [53] oder mittels vizinal geschnittener Kristalle mit damit verbundenen schmalen Terrassen [54, 55] erreichen.

Der am einfachsten zu betrachtende Fall ist ein freies zweidimensionales Elektronengas, das an einer Potentialbarriere streut, ansonsten aber frei in seiner Bewegung ist. Unter der Annahme einer in y-Richtung unendlich ausgedehnten Wand und einem Reflexionskoeffizienten $R = 1$, erhält die Wellenfunktion einer stehenden Welle folgende Form:

$$\Psi_{k||} = C\sin(k_x x)e^{ik_y y}f(z)\,. \tag{2.33}$$

Für die totale Zustandsdichte $D(E,x)$ für alle Energien $\leq E$ in einem Abstand x zur Wand bzw. Stufe erhält man:

$$D(E,x) \propto \int |\Psi_{k||}|^2 dk_x dk_y$$

$$\propto \int \sin^2(k_x x)dk_x dk_y \propto \frac{\pi k_{||}^2}{2}[1 - \frac{J_1(2k_{||}x)}{k_{||}x}]\,. \tag{2.34}$$

Die lokale elektronische Zustandsdichte ist dann proportional zu dD/dE:

$$\text{LDOS}(E,x) = L_0[1 - J_0(2k_{||}x)]\,. \tag{2.35}$$

Dabei sind J_0 und J_1 die Besselfunktionen nullter und erster Ordnung und $L_0 = m^*/\pi\hbar^2$ die LDOS des 2DEG. Bei großen Abständen ($x \gg m^2/k_{||}$) sind die Besselfunktionen von folgender asymptotischer Form:

$$J_n(2k_{||}x) \propto \sqrt{\frac{1}{\pi k_{||}x}}\cos(2k_{||}x - \frac{2n+1}{4}\pi)]\,; \quad n \in \mathbb{N}\,. \tag{2.36}$$

Daraus folgt für die LDOS:

$$\text{LDOS}(E,x) = L_0[1 - \sqrt{\frac{1}{\pi k_{||}x}}\cos(2k_{||}x - \frac{2n+1}{4}\pi)]\,, \tag{2.37}$$

mit

$$k_{||} = \frac{\sqrt{2m^*(E - E_0)}}{\hbar}\,. \tag{2.38}$$

Damit ist ersichtlich, dass sich, beispielsweise in der Nähe von Stufen einer vizinal geschnittenen Ag(111)-Oberfläche, ein Interferenz-Muster von stehenden Wellen gemäß Gl. 2.37 ausbildet. Dieses ermöglicht es, den Wellenvektor $k_\|$ als Funktion der Energie $E - E_0$ zu bestimmen. Li et al. [56] erhalten $E_0 = (-67 \pm 3)$ meV sowie die effektive Masse $m^* = (0.42 \pm 0.02)m_\mathrm{e}$. In Abb. 2.7 sind Daten einer Arbeit von Becker et al. [57] dargestellt. In dieser ist sowohl die parabolische Form als auch die Lage des Ag(111)-Oberflächenzustands in der Bandlücke deutlich erkennbar.

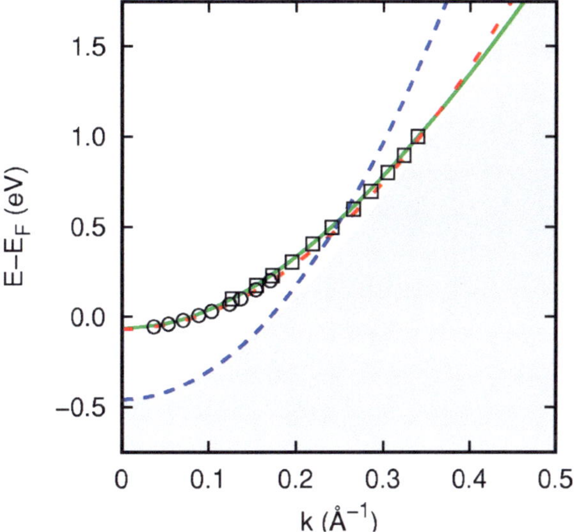

Abbildung 2.7: Bandstruktur des Oberflächenzustands auf Ag(111) [57]. Die schattierte Fläche und die durchgezogene grüne Linie stellen die projizierten Volumen- und Oberflächenzustandsdispersionen aus ab-initio-Rechnungen dar. Die Symbole sind aus STM-Messungen gewonnene Datenpunkte. Die gestrichelten Linien sind parabolische Dispersionen mit $m^* = 0.42\,m_\mathrm{e}$ (rot) für den Oberflächenzustand und $m^* = 0.24\,m_\mathrm{e}$ (blau) für die Bandkante der Volumenzustände.

Die Streuung der Elektronen kann ebenso an Punktdefekten, beispielsweise Adsorbatatomen, oder komplexeren Strukturen erfolgen, woraus sich deutlich kompliziertere Muster ergeben können [58].

3 Experimentelles

In diesem Kapitel wird auf die Herstellung der Proben eingegangen und die dafür verwendeten Apparaturen vorgestellt. Es kamen zwei unterschiedliche Rastertunnelmikroskope zum Einsatz: Einerseits ein kommerzielles Low-Temperature(LT)-STM der Firma Omicron, welches Temperaturen von etwa 3 K erreicht und andererseits ein am Physikalischen Institut aufgebautes Joule-Thomson(JT)-STM. Letzteres wurde von Prof. Wulfhekel am Physikalischen Institut (KIT) entworfen. Dieses erreichte zum Zeitpunkt der Messungen eine Temperatur von etwa 0.7 K.

3.1 Probenherstellung

Die in dieser Arbeit untersuchten Ag-Inseln wurden durch thermisches Verdampfen von Ag auf zwei einkristallinen Niob(110)-Substraten hergestellt. Niob wird seit längerem, auch aufgrund seiner Eignung für technologische Anwendung (supraleitende Kavitäten), intensiv mit oberflächensensitiven Methoden untersucht [59, 60, 61, 62, 63]. Setzt man einen Nb-Kristall der Atmosphäre aus, bildet sich eine komplexe Schicht diverser Nb-Oxide (NbO, NbO_2 und Nb_2O_5 [64, 65, 66]). Insbesondere entlang Korngrenzen diffundiert Sauerstoff in den Nb-Einkristall und geht dort in Lösung. Saubere und oxidfreie Oberflächen konnten nur durch schnelles Heizen ("Flash heating") auf Temperaturen $T \approx 2300$ K mit anschließendem schnellen Abkühlen ($\sim$ Sekunden) [60] und zyklischem Ar^+-Sputtern erreicht werden. Bei niedrigeren Temperaturen bilden sich, je nach Temperatur, unterschiedlich rekonstruierte Oberflächenstrukturen aus [59, 60].

Die verwendeten Einkristalle sind aus einem Niob-Einkristallstab mit 99.999 % Reinheit (MaTeck GmbH) in Scheiben zu 5 mm Durchmesser und 1 mm Dicke geschnitten worden. Diese wurden mechanisch sowie elektrochemisch poliert und auf einem Probenträger mit gepunkteten Tantalspangen befestigt. Dieser bestand aus Molybdän und besitzt eine Aussparung von 4.5 mm Durchmesser für die Probe, so dass der Kontakt zwischen Probe und Träger, und die damit verbundene Wärmeleitung, klein waren. Aufgrund der hohen erforderlichen Heiztemperaturen wurde eine Elektronenstrahlheizung gebaut, welche Temperaturen von etwa 3000 K erreicht. Hiermit wurden die Niob-Einkristalle innerhalb von 20 Sekunden auf etwa 2700 K, und damit knapp unter den Schmelzpunkt von 2760 K, erhitzt. Die Temperaturkontrolle erfolgte mit Hilfe eines Quotientenpyrometers. Der Abkühlvorgang auf $T < 800$ K dauerte aufgrund der hohen Temperaturen, der großen Masse des Einkristalls sowie der aufgeheizten Umgebung etwa 30 Sekunden. Im Anschluss wurde die Oberfläche des Einkristalls mit $2 - 3$ keV Ar^+-Ionen für $30 - 90$ min gesputtert. Währenddessen wurde der Einkristall durch eine resistive Strahlungsheizung auf etwa 1300 K gehalten. Durch das Sputtern wurde die oberste Schicht, welche nicht nur aus Nioboxid, sondern auch aus diversen anderen, im Niob gelösten Elementen besteht, abgetragen. Diese Verunreinigungen, welche durch das Heizen an die Oberfläche segregieren, umfassen insbesondere Ta, C und Si[1]. Dieser Zyklus aus Heizen und Sputtern, welcher mit Transfer etwa 1-2 Stunden dauerte, wurde etwa 100 mal durchgeführt. Anschließende Augerelektronenspektroskopie-Messungen ließen auf nur geringe Mengen an Sauerstoff schließen. STM-Messungen zeigten eine atomare Auflösung der rekonstruierten Oberflächen und Terrassen mit $5 - 20$ nm Breite. Diese Ergebnisse werden in Kap. 4.1 vorgestellt. Damit lässt sich auf einen Fehlschnitt des Einkristalls von etwa $1 - 1.5°$ schließen.

Das zur Inselherstellung verwendete Silber wurde mit einem Elektronenstrahlverdampfer[2] auf der Nb(110)-Oberfläche abgeschieden. Dieser gestattet eine Kontrolle über die Aufdampfrate mit Hilfe eines integrierten Flussmessers. Weiterhin wurde die Aufdampfrate unter Zuhilfenahme eines Schwingquarzes geprüft. Zur Gewährleistung hoher Reinheit des aufgedampften Silbers wurde der mit Ag befüllte Elektronenstrahlverdampfer über 2-3 Stunden bei $500 - 550$ K ausgeheizt. Direkt vor dem Aufdampfen des Silbers auf das Substrat wurde stets für mindestens eine Minute Ag gegen die Blende verdampft, bevor diese geöffnet wurde. Die Aufdampfraten variierten zwischen 0.2 und 1 nm/min und es wurden Schichten zwischen 1 und 5 nm aufgedampft. Während des Aufdampfens wurden die Substrate auf Temperaturen bis 700 K geheizt. Auf das resultierende Inselwachstum und die Morphologie wird in Kapitel 4.2 eingegangen.

---

[1] Produktspezifikation der Firma MaTeck GmbH
[2] EFM3 bzw. EFM4 der Firma Omicron NanoTechnology GmbH

3.2 Beschreibung der verwendeten STM

3.2.1 Tieftemperatur(LT)-STM

Das Tieftemperatur-STM (LT-STM) befindet sich in der Analysekammer einer 2-Kammer-Ultrahochvakuum(UHV)-Anlage mit einem Basisdruck von 10^{-10} mbar. Eine Beschreibung des LT-STM findet sich in [67]. Das STM selbst befindet sich unterhalb eines Heliumtanks, welcher wiederum von einem Stickstoffringtank umgeben ist. Über eine Greifzange können durch rotierbare Becher, die als Strahlenschilde dienen, Proben und Spitzen gewechselt werden. Durch Pumpen am Helium-Bad lassen sich Temperaturen von etwa 3 K erreichen, wobei sich die Standzeit hierdurch von 23 Stunden auf etwa 14 Stunden reduziert.

In der Präparationskammer befinden sich ein 4-Grid-Retarding-Field-Analyzer (RFA) für Augerelektronenspektroskopie und Low-Energy Electron Diffraction (LEED), ein Quadrupol-Massenspektrometer und die Elektronenstrahlheizung zur Präparation der Niob-Einkristalle. An diese Kammer ist auch die Schleuse zum Probentransfer in das UHV angeschlossen. Der Transferarm, mit dessen Hilfe die Proben und Spitzen zwischen den Kammern transferiert werden, gestattet das Kühlen der Probe über eine Kapillare mittels Durchfluss von flüssigem Stickstoff. Es ist auch ein Heizen auf Temperaturen von etwa 1300 K möglich. Auf diesen Transferarm sind mehrere Elektronenstrahlverdampfer (EFM3 bzw. EFM4) sowie eine Ar^{+}-Ionenkanone ausgerichtet.

Die für dieses STM verwendeten Spitzen wurden aus einem Wolfram-Stab mit 0.38 mm Durchmesser in 5-molarer KOH-Lösung geätzt. Der Ätzvorgang selbst wird durch eine Elektronik kontrolliert und rechtzeitig abgebrochen. Anschließend wird die Spitze in Aceton, Isopropanol, Ethanol und destilliertem Wasser gereinigt. Die Spitze wird in die UHV-Kammer transferiert und durch mehrfaches Ar^{+}-Sputtern und Elektronenstrahlheizen von Adsorbaten und Wolframoxid befreit. Dieser Ablauf wurde so optimiert, dass sich Spitzen reproduzierbar mit einem Durchmesser < 30 nm herstellen ließen. In Abb. 3.1 ist eine derart präparierte Spitze abgebildet. Die Aufnahme erfolgte mittels eines Rasterelektronenmikroskops am Laboratorium für Elektronenmikroskopie. Aufgrund der Höhe und Steilheit der in dieser Arbeit untersuchten Ag-Inseln ist die Herstellung äußerst scharfer Spitzen für die Abbildung von erheblichem Vorteil. Bei einer derartigen Spitzenpräparation besteht jedoch die Gefahr, dass diese für die Spektroskopie ungeeignet sind, da es zu mechanischen Instabilitäten (Schwingungen) bzw. Artefakten in den Messungen kommt. Daher bedurfte es einiger Versuche, um Spitzen, die sowohl eine scharfe Abbildung als auch eine gute Spektroskopie erlaubten, herzustellen.

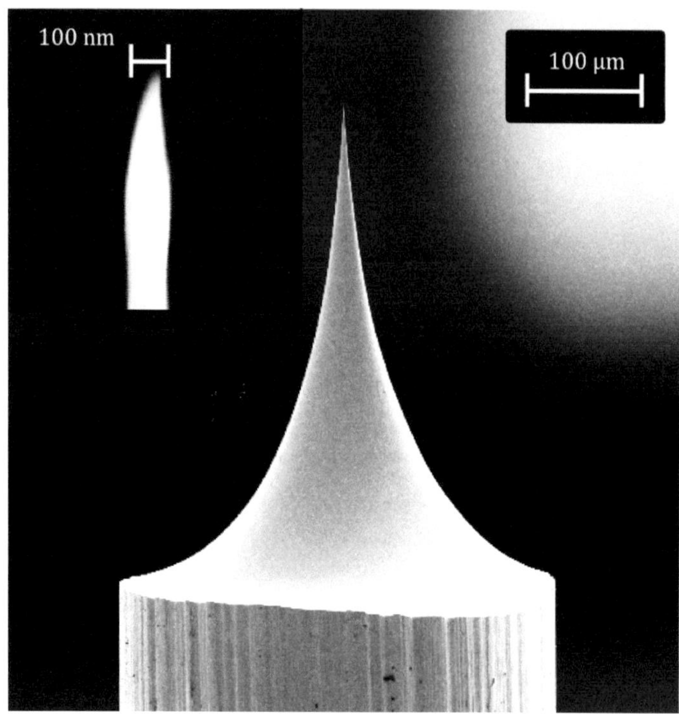

Abbildung 3.1: Rasterelektronenmikroskopaufnahme einer elektrochemisch geätzten und durch Sputtern sowie Elektronenstrahlheizen präparierten W-Spitze. Erkennbar ist eine sehr gleichmäßig ausgebildete und scharfe Spitze mit einem Durchmesser < 30 nm [68].

3.2.2 Joule-Thomson(JT)-STM

Das JT-STM wurde in der Arbeitsgruppe von Prof. Wulfhekel konzipiert und am Physikalischen Institut gebaut [69, 70]. Es ist ein äußerst kompaktes Tieftemperatur-STM, welches eine hohe Energieauflösung und Stabilität aufweist. Zusätzlich zu einem Stickstoff- und einem Heliumkryostaten sowie der dazu gehörenden Schilde gibt es eine Joule-Thomson(JT)-

Expansionsstufe zur Abkühlung des STM. Durch Ausnutzung des JT-Effektes ließen sich, bei den hier vorgestellten Messungen, Temperaturen $< 700\,\text{mK}$ erreichen. Weiterhin ist es möglich mit Hilfe einer supraleitenden split-coil Spule Magnetfelder bis zu $3\,\text{T}$ senkrecht zur Probe anzulegen. Auch die Standzeit ist mit 280 Stunden bedeutend höher als beim LT-STM. Für detailliertere Beschreibungen sei auf obige Referenzen verwiesen.

Wie beim LT-STM besteht die UHV-Anlage aus zwei Kammern, einer Analysekammer, in welcher sich das JT-STM befindet, und einer Präparationskammer, an welcher die Schleuse angeschlossen ist. Die Präparationskammer beinhaltet hier ebenso ein Quadrupol-Massenspektrometer, eine RFA-Einheit für AES/LEED und eine Ar^+-Ionenkanone. An diese Kammer wurde zu den schon vorhandenen Elektronenstrahlverdampfern eine mit Silber gefüllte EFM3-Einheit hinzugefügt. Da es keine Möglichkeit zum Anbau der Elektronenstrahlheizung gab, wurde ein Nb-Einkristall am LT-STM präpariert und mit einer 15 nm dünnen Ag-Schicht abgedeckt. Diese sollte eine Oxidation bzw. Verunreinigung des Einkristalls während des Transfers unter Luft zum JT-STM verhindern bzw. verringern. Dort wurde die Ag-Schutzschicht durch Sputtern und Heizen entfernt. Mit der im JT-STM vorhandenen Elektronenstrahlheizung konnte die Probe für 10 Sekunden auf einer Temperatur von etwa $1800\,\text{K}$ gehalten werden. Im Anschluss wurde der Einkristall gesputtert und dieser Prozess einige Male wiederholt.

Die Präparation der Wolfram-Spitzen wird hier, ebenso wie für das LT-STM, durch elektrochemisches Ätzen durchgeführt. Die Spitzen werden jedoch beim Elektronenstrahlheizen auf weit höhere Temperaturen gebracht, wodurch sie beträchtlich stumpfer werden. Aufgrund dieser Präparation enthalten die im JT-STM gewonnenen Topographieaufnahmen Spitzenartefakte und zeigen keine scharfen Inselränder. Dies ist jedoch nicht weiter von Belang, da die Inselmorphologie durch eine hinreichende Anzahl an Messungen am LT-STM bekannt ist.

4 Ergebnisse und Diskussion

4.1 Die reine Niob(110)-Oberfläche

Wie in Kapitel 3.1 erwähnt, wurde die Nb(110)-Oberfläche bereits intensiv in [59, 60, 61, 62, 63] untersucht. Eine sehr gute Übersicht ist in [71] gegeben. Die sauerstofffreie Oberfläche wurde bisher nur in der Arbeit von An et al. [60] auf Nb(100) mit Hilfe von LEED und STM untersucht und atomar aufgelöst. Dabei wurde die Probe durch zyklisches Ar^+-Sputtern und kurzes Heizen auf über 2500 K gereinigt. Anschließend wurde die Probe schrittweise mit Sauerstoff behandelt. Die dadurch stattfindende Oxidation führt zu einer reichhaltigen Zahl an Oberflächenstrukturen. Die in [59, 61, 62] untersuchten (110)-Oberflächen weisen nach der Präparation eine Überstruktur an quasi-periodisch angeordneten Nanokristallen auf. Diese besitzen eine Oxid-Stöchiometrie von $NbO_{x\approx 1.2}$ bis $NbO_{x\approx 0.8}$ und bilden lineare Ketten, welche aus 10 ± 1 Nb-Atomen besteht. Welche Position die Sauerstoffatome einnehmen, kann durch STM nicht bestimmt werden. Unter Zuhilfenahme von Photoelektronenpektroskopie und -beugung konnte jedoch ein umfassendes Modell der NbO_x/Nb(110)-Grenzfläche [62] gewonnen werden.

Die in dieser Arbeit genutzten Nb-Kristalle zeigten nach den ersten Präparationsschritten ebenfalls die bekannte NbO_x-Oberfläche, welche in Abb. 4.1 zu sehen ist. Die Aufnahmen sind nach unterschiedlichen Präparationen entstanden. In den oberen Bildern sind die typischen (10 ± 1)-atomigen Ketten auf ausgedehnten flachen Terrassen zu sehen. Die Verwendung verschiedener Wolfram-Spitzen führte zu etwas unterschiedlichen Abbildungen. Im unteren Bild sind Stufen dargestellt, welche die Ausbildung der linearen Ketten nur auf der untersten Ebene aufweisen. In der mittleren schmalen Stufe sind diese nicht zu erkennen. Da NbO in der Literatur bereits ausführlich diskutiert ist, wurde die Untersuchung dieser Details nicht weiter verfolgt.

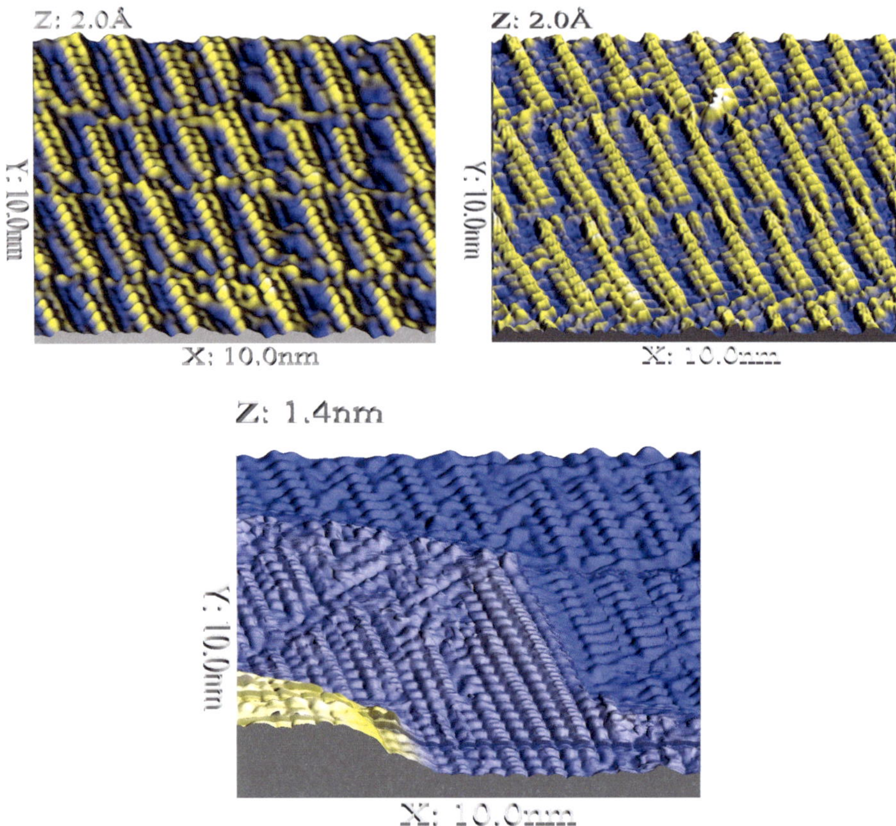

Abbildung 4.1: STM-Bilder von NbO nach unterschiedlichen Präparationszyklen. Die bekannten 10-atomigen linearen Ketten sind deutlich erkennbar.

Nachdem die Proben etwa 50 Präparationszyklen durchlaufen hatten, veränderte sich die Oberfläche. Es konnten diverse Oberflächenstrukturen und Rekonstruktionen abgebildet werden, was vermutlich auf die bis dahin durch Sauerstoff unterdrückte Segregation anderer Verunreinigungen zurückzuführen ist. Außer Sauerstoff sind insbesondere Ta, C und Si in den Niob-Einkristallen enthalten. Da es Ziel war, eine saubere Nb-Oberfläche zu erhalten, wurden nicht viele Messungen daran durchgeführt und somit wird im weiteren Verlauf dieser Arbeit auch nicht darauf eingegangen. Nach etwa 100 Präparationszyklen konnte die in Abb. 4.2 gezeigte Oberfläche beobachtet werden. Es sind einzelne Regionen zu erkennen, welche

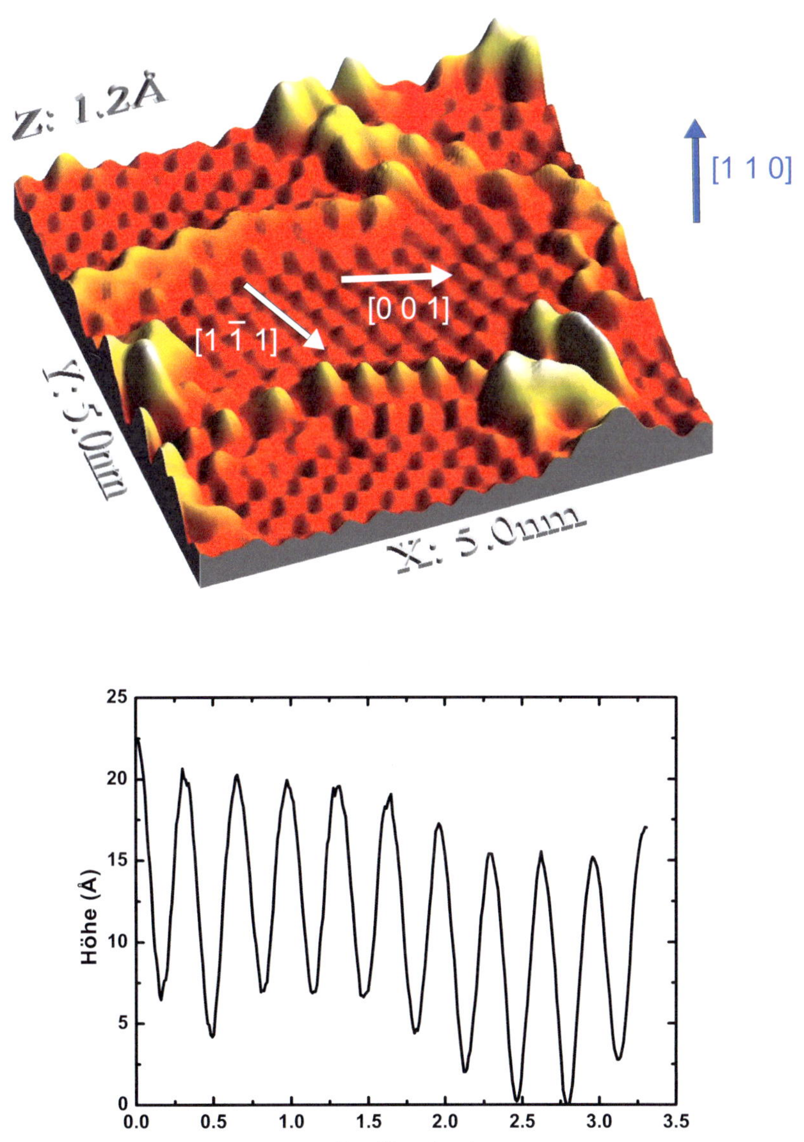

Abbildung 4.2: Oben: Bild einer Nb-Oberfläche nach etwa 100 Präparationszyklen. Unten: Linienprofil entlang der dargestellten [0 0 1]-Richtung.

die Struktur der bcc(110)-Oberfläche aufweisen. Die Kristallrichtungen
[0 0 1] und [1 $\bar{1}$ 1] sind, zusammen mit der auf der Oberfläche senkrecht
stehenden [1 1 0]-Richtung, im Bild eingezeichnet. Ein Höhenprofil entlang
einer [0 0 1]-Richtung ist im unteren Teil von Abbildung 4.2 dargestellt. Es
ist eine Periodizität von 3.31 ± 0.02 Å erkennbar, in guter Übereinstimmung
mit einem Abstand a $= 3.30$ Å für einen Niob-Einkristall ohne Rekonstruk-
tion oder Oberflächenrelaxation. In [1 $\bar{1}$ 1]-Richtung konnten 2.85 ± 0.02 Å
gemessen werden und für die Winkel ergaben sich $71 \pm 1°$ und $109 \pm 1°$.
Diese Werte stimmen mit den Literaturangaben für Niobeinkristalle (siehe Abb. 4.3) sehr gut überein. Zur Kalibrierung der Piezo-Scannereinheit
wurde die (7×7)-Rekonstruktion von Si(111) verwendet.

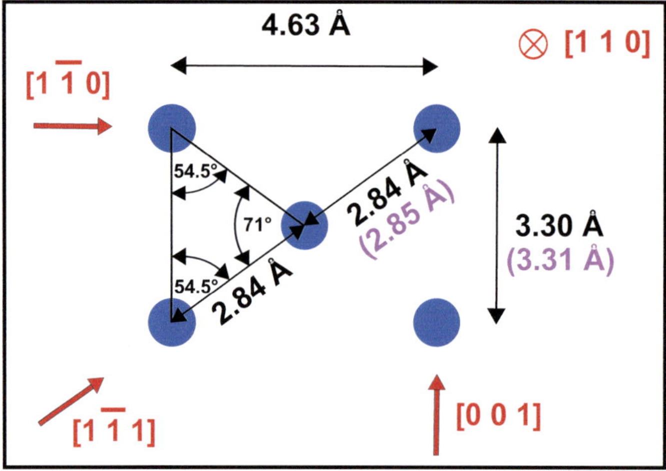

Abbildung 4.3: Die sich aus der Gitterkonstanten a $= 3.30$ Å ergebenden Werte
zusammen mit den gemessenen Werten in Klammern.

Die gezeigte bcc(110)-Oberfläche konnte nur wenige Male beobachtet
werden. Weit häufiger zeigte sich eine Struktur, wie sie in Abb. 4.4 zu
sehen ist. Im linken Bild ist eine Überstruktur erkennbar, welche zwei
unterschiedliche Domänen aufweist. Diese besitzen nur eine geringe Ausdehnung von wenigen Nanometern und wechseln sich zufällig ab. Im
rechten Bild ist sowohl die bcc(110)-Oberfläche als auch das Übergitter
im unteren linken und rechten Teil des Bildes zu sehen. Da das Übergitter eine rechtwinklige Struktur besitzt, fällt nur eine Richtung mit
einer Niob-Kristallachse zusammen. Diese Struktur lässt sich aus der Niob

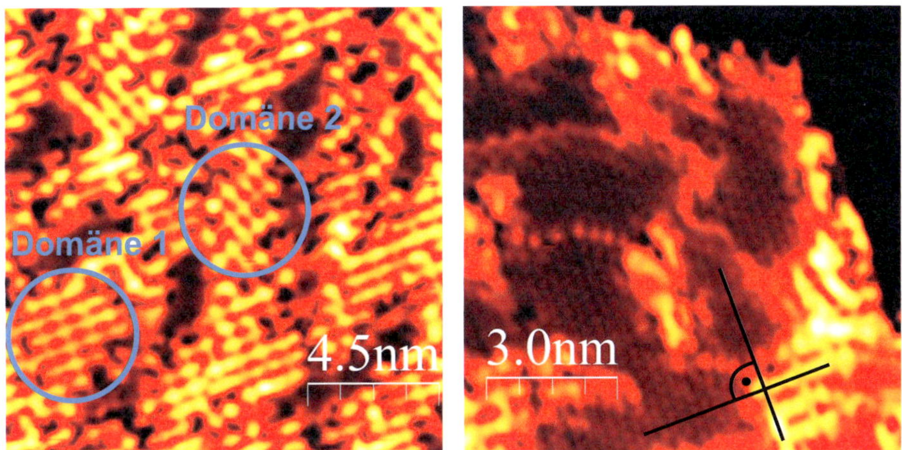

Abbildung 4.4: Links: Diese Oberflächenstruktur wurde nach einer großen Anzahl von Präparationszyklen beobachtet. Es zeigen sich zwei Domänen unterschiedlicher Ausrichtung mit rechteckiger (zweizähliger) Symmetrie, welche jeweils nur über einige Nanometer ausgedehnt sind. Rechts: Hier ist sowohl die bcc(110)-Oberfläche von Niob als auch die Überstruktur erkennbar.

bcc(110)-Oberfläche durch die in Abb. 4.5 gezeigte Konstruktion erzeugen. Je nach Ausrichtung des Übergitters (entlang $[1\bar{1}1]$ oder $[\bar{1}\,1\,1]$) sind zwei unterschiedliche Domänen beobachtbar. Entlang dieser zum bcc(110)-Gitter ausgerichteten Kristallachsen erhält man eine Periodizität, welche sich jeden zweiten (gelegentlich auch jeden dritten) nächsten Nachbarn wiederholt (d ist der Abstand nächster Nachbarn). In senkrechter Richtung zu diesen Achsen ergibt sich eine Periodizität von $\approx 2.84 \times d$ entlang $[\bar{1}\,1\,2]$ bzw. $[1\,\bar{1}\,2]$. Augerelektronen-Spektren dieser Oberfläche sind in Abb. 4.6 gezeigt. Sie entstanden bei Energien von $E_0 = 1.5\,\text{keV}$ und $E_0 = 3\,\text{keV}$ des Primärstrahls. Das Spektrum mit $E_0 = 3\,\text{keV}$ zeigt ein Messartefakt bei $E \approx 500\,\text{eV}$, welches bei der zweiten Messung nicht erkennbar ist. Innerhalb der gegebenen Sensitivität ist in den Spektren kein Sauerstoffsignal zu erkennen. Außer den Nb-Signalen tritt jedoch ein weiteres Signal bei $E \approx 272\,\text{eV}$ auf, welches auf Kohlenstoff zurückgeführt werden kann. Kohlenstoff gehört mit Sauerstoff, Tantal und Silizium zu den Hauptverunreinigungen im Nb-Einkristall. Sein Bedeckungsanteil auf der Nb(110)-Oberfläche lässt sich aus dem Verhältnis der Nb- zu C-Signalen auf $X_C \approx 18\%$ abschätzen [72]. Betrachtet man die in Abb. 4.5 gezeigte

Überstruktur des Nb(110) so ist ein Verhältnis von etwa 1/6 zu erwarten. Dies legt den Schluss nahe, dass die domänenartig entstehende Überstruktur aus segregiertem Kohlenstoff bestehen könnte. Das Aufnahmen der reinen Niob(110)-Oberfläche, wie in Abb. 4.2 zustande kamen, könnte an dem noch in niedriger Konzentration vorhandenen Sauerstoff liegen, welcher mit Kohlenstoff zu CO_2 reagierte und anschließend sublimierte. Sobald kein gelöster Sauerstoff für diesen Prozess zur Verfügung steht, könnte der Kohlenstoff diese Überstruktur ausbilden. Zur Überprüfung wäre es erforderlich, die Präparation des Nb-Kristalls unter sehr leichter Sauerstoffzufuhr durchzuführen.

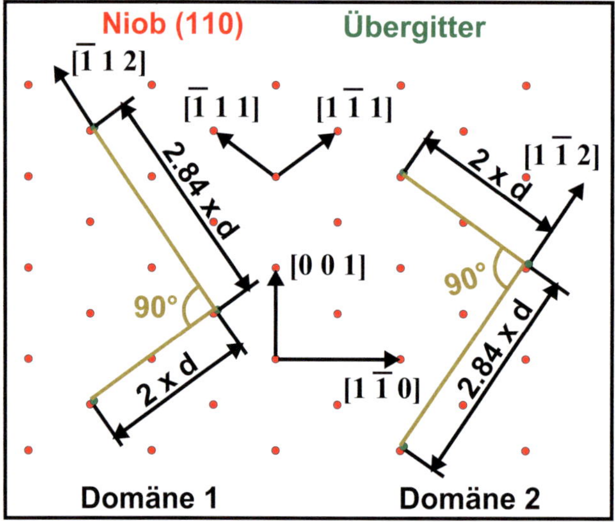

Abbildung 4.5: Das beobachtete Übergitter auf Nb(110) lässt sich auf diese Weise konstruieren, wobei je nach Ausrichtung die zwei beobachteten Domänen entstehen (vgl. Abb. 4.4).

Zur Überprüfung der Oberflächenreinheit können auch Tunnelspektren herangezogen werden. Wie bereits in Kap. 2.1 und 2.2 gezeigt wurde, erhält man durch dI/dV-Messungen die Quasiteilchenzustandsdichte des Supraleiters. Deren Verlauf kann anschließend mit der BCS-Theorie verglichen werden. Andererseits lässt sich damit auch die Qualität der Messungen bzw. die Energieauflösung des STM überprüfen. Abb. 4.7 zeigt im oberen Graphen Ergebnisse, welche mit Hilfe des LT-STM bei $T = 4.2\,\mathrm{K}$ (Helium-Siedetemperatur) und $T = 2.5\,\mathrm{K}$ (bei gepumptem Heliumbad)

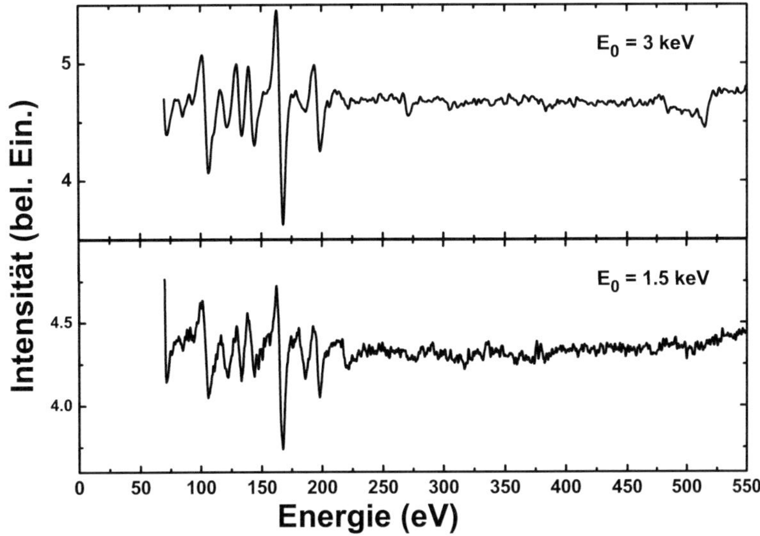

Abbildung 4.6: Augerelektronen-Spektren der präparierten Nb(110)-Oberfläche bei Einstrahlenergien $E_0 = 1.5\,$keV und $E_0 = 3\,$keV. Letzteres zeigt ein Messartefakt bei $E \approx 500\,$eV, welches bei der zweiten Messung nicht erkennbar ist.

gewonnen wurden. Der differentielle Leitwert wurde hierbei durch numerische Ableitung einer $I(V)$-Kennlinie bestimmt und auf den Wert bei $V = \pm 10\,$mV normiert. Betrachtet man die im LT-STM gewonnenen Daten, so erkennt man ein breites Minimum um die Fermi-Energie, aber nur eine Andeutung der Maxima der BCS-Quasiteilchenzustandsdichten, wie sie für diese Temperaturen ($T = 2.5\,$K und $T = 4.2\,$K) erwartet würden. Es lässt sich kein mit den Daten übereinstimmender Fit mit Hilfe der BCS-Theorie durchführen. Eine Simulation einer dI/dV-Messung für Niob ($\Delta = 1.51\,$meV; $T = 2.5\,$K; $T_\mathrm{c} = 9.1\,$K) ist in Rot dargestellt, wodurch die Diskrepanz verdeutlicht wird. Offenkundig ist ein starkes Rauschen überlagert, welches jedoch außerhalb der messbaren Frequenzen liegt oder die lokale Temperatur entspricht nicht der gemessenen Temperatur an der Si-Diode. Die mit einer Si-Diode ermittelte Probentemperatur wurde durch einen Cernox-Tieftemperatursensor überprüft, wobei nur geringe Abweichungen festgestellt wurden.

Weiterhin ist im unteren Graphen von Abb. 4.7 eine ebenfalls numerisch abgeleitete Messung am JT-STM gezeigt. Dabei wurde die Probe, wie in Kap. 3.2.2 beschrieben, mit einer Silberschicht abgedeckt und zum JT-STM

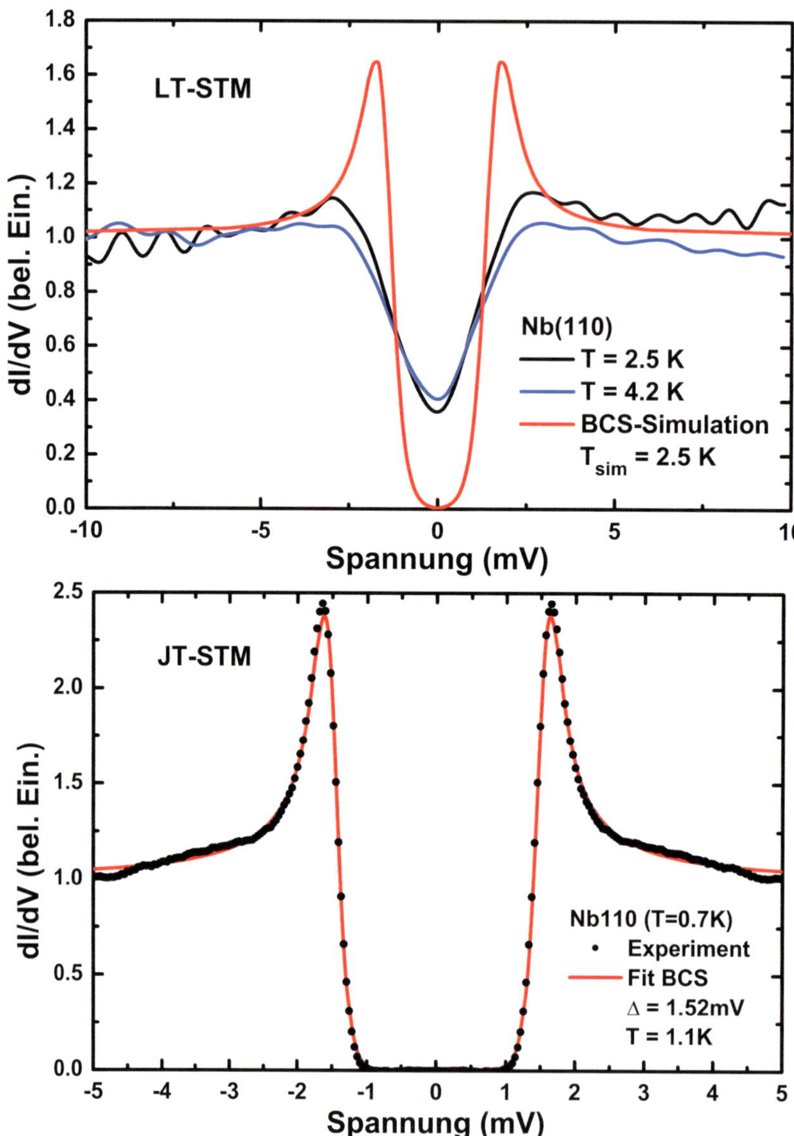

Abbildung 4.7: Der obere Graph zeigt zwei Spektren, die am LT-STM bei unterschiedlichen Temperaturen aufgenommen wurden. Diese wurden tiefpassgefiltert und somit geglättet. Der untere Graph zeigt eine Messung am JT-STM. Hier bedurfte es keiner Filterung. Das Spektrum wurde jedoch bzgl. des Ursprungs ($V = 0$) symmetrisiert.

transferiert. Die durch das JT-STM bei $T = 0.7\,\mathrm{K}$ gewonnene Messung ist in guter Übereinstimmmung mit dem BCS-Fit ($\Delta = 1.51\,\mathrm{K}$, $T_{\mathrm{fit}} = 1.1\,\mathrm{K}$). Vergleichbare Spektren konnten mit einer Nb-Spitze auf Cu(100) erzielt werden [70]. Aufgrund der guten Übereinstimmung der Messungen sind durch die Präparation verursachte Differenzen unwahrscheinlich. Der sich auf der Oberfläche befindende Kohlenstoff hat somit keinen erkennbaren Einfluss auf die supraleitenden Eigenschaften. Ebenfalls kann damit die Energieauflösung auf die thermische Verschmierung von $3.4\,k_{\mathrm{B}}T_{\mathrm{fit}} \approx 0.3\,\mathrm{meV}$ abgeschätzt werden. Somit ist das JT-STM erheblich besser für Messungen geeignet, bei denen eine hohe Energieauflösung von Vorteil ist. Hinsichtlich der Untersuchung der supraleitenden Eigenschaften der Ag-Inseln wurden daher alle damit verbundenen Messungen am JT-STM durchgeführt.

Zur detaillierten Untersuchung der supraleitenden Eigenschaften und der elektronischen Oberflächenzustände auf Ag-Inseln, werden im nachfolgenden Kapitel auch Messungen an Inseln im Magnetfeld vorgestellt. Das JT-STM bietet die Möglichkeit, Feldstärken bis $B_0 = 3\,\mathrm{T}$ senkrecht zur Probe anzulegen. Dies wurde auch auf der reinen Nb(110)-Oberfläche durchgeführt. Abb. 4.8 zeigt ein Flussliniengitter, welches bei $T = 1.1\,\mathrm{K}$ und $B = 0.21\,\mathrm{T}$ aufgenommen wurde.

Niob ist ein Typ-II-Supraleiter, dessen kritische Feldstärken sehr stark von der Reinheit bzw. Präparation abhängen. Untersuchungen an sehr reinem Niob (RRR $>$ 2000) von French [73] ergaben für die kritischen Feldstärken

$$
\begin{aligned}
B_{\mathrm{c},1}[\text{Tesla}] &= 0.185[1 - (T/T_{\mathrm{c}})^2] \\
B_{\mathrm{c},2}[\text{Tesla}] &= 0.382[1 - (T/T_{\mathrm{c}})^2]/[1 + (T/T_{\mathrm{c}})^2]\,.
\end{aligned}
\tag{4.1}
$$

Aufgrund der zylindrischen Form der Probe (Radius $R = 5\,\mathrm{mm}$; Dicke $d = 1\,\mathrm{mm}$) und dem dazu senkrecht stehenden Magnetfeld besitzt diese einen Entmagnetisierungsfaktor von

$$
N = 1 - \frac{3\pi}{8}\frac{d}{R} \approx 0.8\,,
\tag{4.2}
$$

weshalb die effektive Feldstärke

$$
B_{\mathrm{c1,eff}} \approx 1/(1 - N) \cdot B_0 \approx 5 \cdot B_0
\tag{4.3}
$$

beträgt. Damit dringt für $T \ll T_{\mathrm{c}}$ magnetischer Fluss bereits ab $B_0 \approx 0.04\,\mathrm{T}$ in die Probe ein.

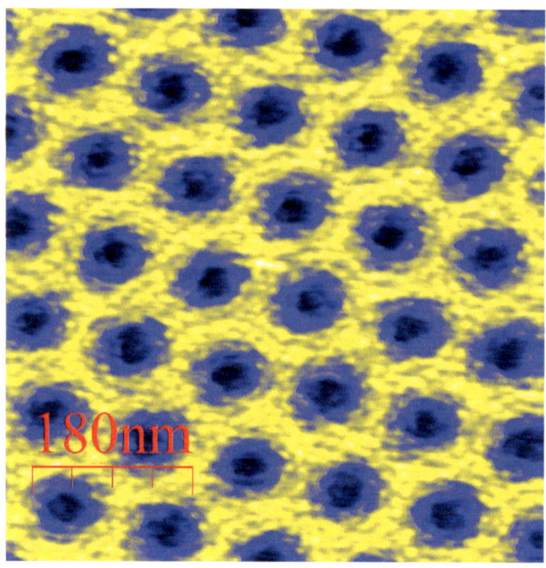

Abbildung 4.8: Aufnahme eines Flussliniengitters des Typ-II Supraleiters Niob bei $T = 1.1\,\mathrm{K}$ und $B = 0.21\,\mathrm{T}$. Es wurde ein Lock-In-Verstärker genutzt, um die 2. Ableitung des Stroms $\mathrm{d}I^2/\mathrm{d}^2V$ bei $V = 1.2\,\mathrm{mV}$ zu messen.

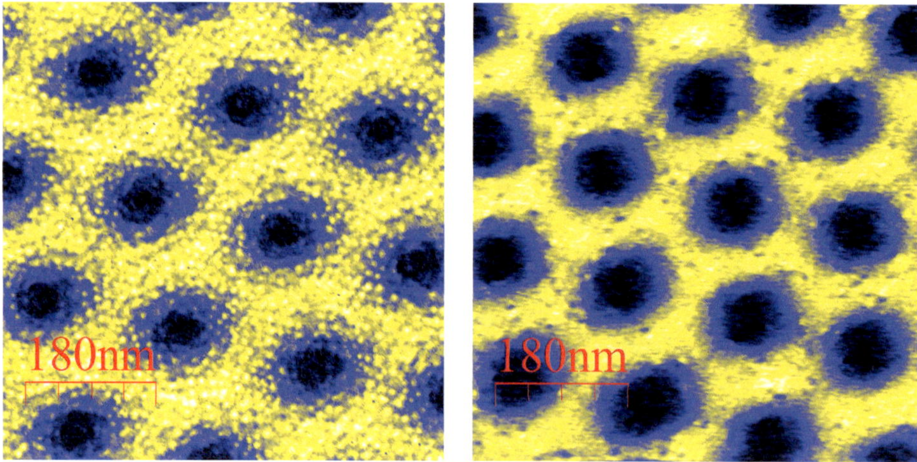

Abbildung 4.9: Flussliniengitter im Nullfeld. Das linke Bild zeigt das Pinning des Flussliniengitters nach den ersten Präparationszyklen, während das rechte nach einigen weiteren Zyklen aufgenommen wurde. Das zuvor angelegte Magnetfeld betrug beim ersten Bild $B = 0.2\,\mathrm{T}$ und bei letzterem $B = 0.25\,\mathrm{T}$. Hier wurde ebenfalls ein Lock-In genutzt um die 2. Ableitung des Stroms $\mathrm{d}I^2/\mathrm{d}^2V$ bei $V = 1.2\,\mathrm{mV}$ zu messen.

Betrachtet man den Bereich zwischen den Flusslinien genauer, so erkennt man eine etwas "körnige" Struktur. In Abb. 4.9 sind zwei Aufnahmen von Flussliniengittern nach Abschalten des äußeren Magnetfeldes gezeigt. Hierbei bleibt ein Teil der Flusslinien an Defekten und Fehlstellen verankert (sogenanntes "pinning"). Damit bleibt auch im Nullfeld ein Fluss von etwa $B \approx 50 - 70\,\mathrm{mT}$ in der Probe, nachdem im linken Bild $B = 0.2\,\mathrm{T}$ und im rechten $B = 0.25\,\mathrm{T}$ angelegt waren. Die erste Aufnahme wurde nach dem Transfer vom LT- zum JT-STM nach nur wenigen Reinigungszyklen aufgenommen, während letztere nach doppelt so vielen Reinigungszyklen entstand. Hierdurch ist die "Körnigkeit" erheblich gesunken und in einigen Bereichen nahezu vollständig verschwunden. Dies weist darauf hin, dass anfangs Verunreinigungen zu leichten Fluktuationen in der Ausbildung der Quasiteilchenzustandsdichte führten. Nachdem genügend Reinigungsschritte vollzogen waren, konnten keine Änderungen mehr beobachtet werden. Der bereits in Abb. 4.7 gezeigte Graph ist nach ausreichender Probenreinigung entstanden.

Nimmt man, im Vortexkern beginnend, $\mathrm{d}I/\mathrm{d}V$-Kennlinien entlang einer Linie auf, so ergibt sich die in Abb. 4.10 (oben) gezeigte Abstandsabhängigkeit der Zustandsdichte. Der in schwarz dargestellte Verlauf mit einem lokalen Maximum bei $V = 0$ wird im Vortexkern beobachtet und zeigt gebundene Quasiteilchenzustände wie sie zum ersten Mal durch Hess et al. 1989 [74] beobachtet und von Shore et al. [75] theoretisch beschrieben wurden. Mit immer größerer Entfernung vom Vortexkern wird die Energielücke in der Quasiteilchenzustandsdichte deutlich ausgeprägter und nimmt ihr Maximum in der Mitte dreier Vortizes an. Dies entspricht der grünen Kurve mit einem Abstand von 48 nm vom Vortexkern. Setzt man die STM-Spitze auf diesen Punkt und variiert das B-Feld, so ergibt sich die in Abb. 4.10 (unten) gezeigte Abhängigkeit. Eine Feldstärke von $B = 230\,\mathrm{mT}$ reduziert die Energielücke bereits deutlich, während Feldstärken von $B > 600\,\mathrm{mT}$ keine Energielücke mehr erkennen lassen. Hieraus lässt sich die Ginzburg-Landau-Kohärenzlänge ξ_{GL} bestimmen:

$$B_{c2}(T) = B_{c2}(0)[1 - (T/T_c)^2]/[1 + (T/T_c)^2] \approx 0.6\,\mathrm{T}$$

$$\text{mit}\quad B_{c2}(0) = \frac{\Phi_0}{2\pi\xi_{\mathrm{GL}}^2(0)} \quad \text{und}\ T/T_c \approx 0.7\,\mathrm{K}/9.2\,\mathrm{K} \tag{4.4}$$

$$\Rightarrow \xi_{\mathrm{GL}} \approx 23\,\mathrm{nm}\,.$$

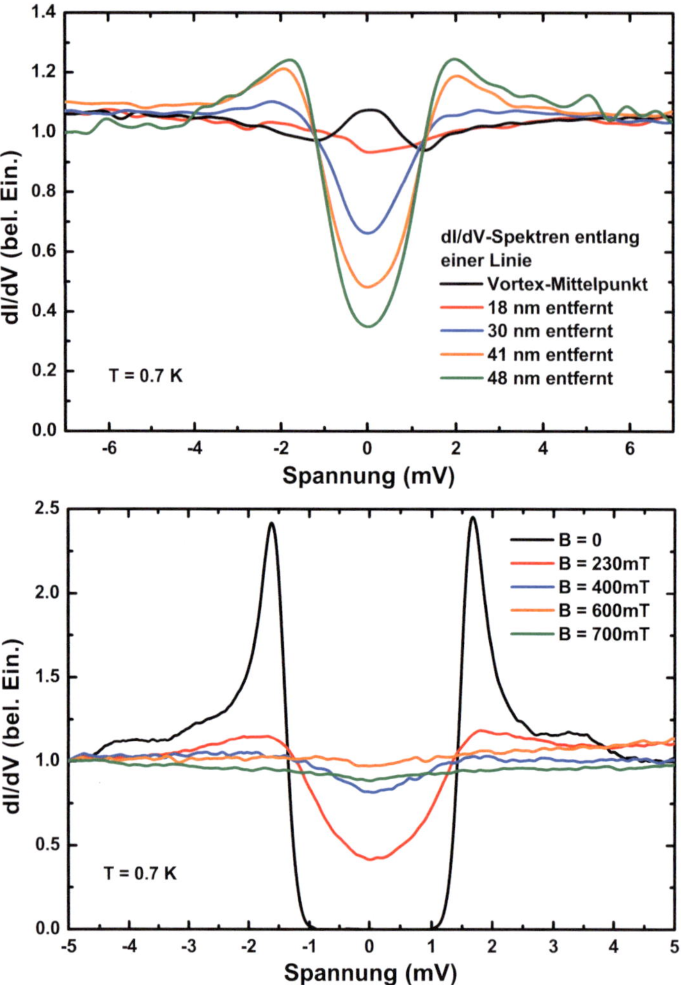

Abbildung 4.10: Das obere Bild zeigt die Veränderung der Quasiteilchenzustandsdichte als Funktion des Ortes. Beginnend im Zentrum eines Vortex (schwarze Kurve) wurden entlang einer Linie bis zu einer maximalen Entfernung von 48 nm (grüne Kurve) weitere Spektren aufgenommen. Im Zentrum des Vortex (schwarz) ist eine leichte Überhöhung zu erkennen, welche aufgrund gebundener Quasiteilchenzustände auftritt [74, 75].

Im unteren Bild ist die Veränderung der Zustandsdichte unter Variation des äußeren Magnetfelds dargestellt. Mit einer Feldstärke von $B = 230\,\mathrm{mT}$ ist die Ausbildung der Energielücke bereits deutlich unterdrückt und mit $B = 400\,\mathrm{mT}$ kaum noch zu erkennen. Ein Magnetfeld von $B = 600 - 700\,\mathrm{mT}$ ist ausreichend, um die Supraleitung vollständig zu unterdrücken.

Die sich daraus ergebende Kohärenzlänge $\xi_{GL} \approx 23$ nm ist etwas geringer als der Literaturwert $\xi_{GL} \approx 0.74 \cdot \xi_{BCS} \approx 0.74 \cdot 38$ nm ≈ 28 nm [76, 77, 78]. Es wurden jedoch keine Feldstärken zwischen 400 und 600 mT angelegt. Daher ist $B_{c2} \approx 600$ mT nur eine obere Abschätzung, wodurch die Kohärenzlänge größer als $\xi_{GL} \approx 23$ nm sein sollte. Zur Unterdrückung der Supraleitung bei Ag-Inseln wurden typischerweise $B = 700$ mT verwendet.

4.2 Ag-Inselwachstum auf Nb(110)

Untersuchungen des epitaktischen Wachstums von Silberfilmen auf der Nb(110)-Oberfläche wurden bereits 1988 von Ruckman et al. [79] durchgeführt. Dabei wurden dünne Filme (< 5 nm) thermisch aufgedampft und mit LEED bzw. PES untersucht. Anhand von LEED-Mustern konnte gezeigt werden, dass die ersten zwei Monolagen Ag in bcc(110)-Symmetrie aufwachsen, anstatt der dichtgepackten fcc(111)-Struktur. Der Silberfilm wächst durch Expansion entlang der Ag [0 1 1]-Richtung um 12% und einer Kompression in Ag [2 1 1]-Richtung um 6.8%. Der mittlere Abstand nächster Nachbarn beträgt für eine Ag-Monolage auf Nb(110) 2.85 Å anstatt 2.89 Å im Silberkristall. Mit der dritten Monolage geht jedoch eine Änderung der Struktur einher. Die Silberschicht nimmt die Kurdjumov-Sachs-Orienterung ein, wodurch die Ag [2 1 1]-Richtung parallel zur Nb [2 1 1]-Richtung liegt. Die Gitterstruktur entspricht fcc(111), wobei die verbleibende Verspannung mit den darauffolgenden Lagen abgebaut wird. Mit der Kurdjumov-Sachs-Orientierung [80] ab der dritten Monolage geht auch das Stranski-Krastanov-Filmwachstum einher. Es gilt jedoch anzumerken, dass die LEED-Muster auf ein inkohärentes Filmwachstum hindeuten. Auch die erste Ag-Monolage scheint zu einem Teil fcc(111)-orientiert zu sein. Die Verspannung durch den Gitterfehlpass wird durch den Einbau von Versetzungen verringert. Das Heizen dünner Filme im Bereich (3-5)-Monolagen hatte keine Auswirkungen auf die Oberflächenstruktur, solange eine Temperatur von $T = 800-900$ K nicht überschritten wurde. Das thermodynamische Phasendiagramm [81] zeigt für diesen Temperaturbereich keine Ag-Nb-Mischphasen. Jedoch kommt es bei einer Temperatur von $T = 800 - 900$ K zur Desorption des Silbers.

Eigene STM-Messungen zeigten kein homogenes Filmwachstum bei größeren Schichtdicken (> 1 nm). Geringere Bedeckungen wurden nicht

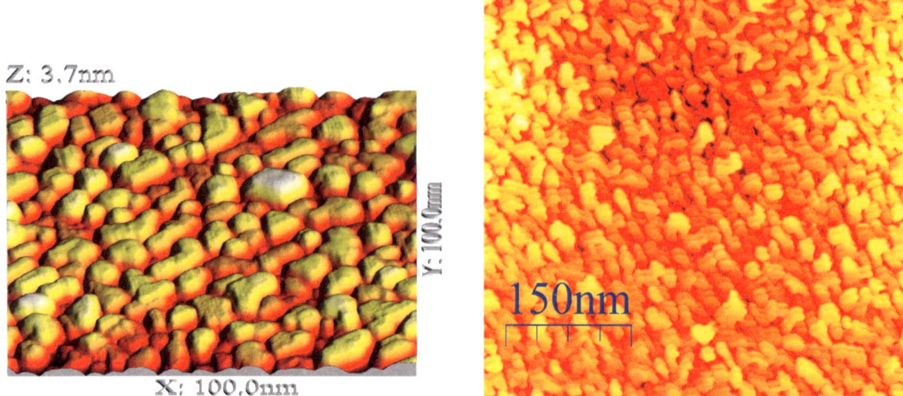

Abbildung 4.11: Im linken Bild ist eine nominell 1.5 nm dicke Ag-Schicht zu erkennen, welche bei Raumtemperatur aufgedampft wurde und eine körnige Struktur aufweist. Das rechte Bild zeigt eine 1.5 nm dicke Ag-Schicht mit einer unregelmäßigen neztwerkartigen Struktur.

getestet. In Abb. 4.11 (links) ist eine nominell etwa 1.5 nm dicke Ag-Schicht gezeigt, welche bei Raumtemperatur mit 1 nm/min auf die gereinigte Nb-Oberfläche aufgedampft wurde. Die entstandene stark zerklüftete Struktur zeigt Körner mit einer Ausdehnung im Bereich $2 - 5$ nm und einer Höhe von $1 - 2$ nm. Abb. 4.11 (rechts) zeigt eine 5 nm dicke Ag-Schicht, die eine äußerst unregelmäßige netzwerkartige Struktur aufweist. Der durchschnittliche Durchmesser beträgt $d \approx 20$ nm und die Vertiefungen liegen im Bereich $1 - 5$ nm. Ein derartiges heteroepitaxiales Wachstumsverhalten ist beispielsweise auch von Silberfilmen auf Si(111)7x7-Substraten bekannt [82, 83]. Jedoch konnten auch atomar flache (111)-orientierte Ag-Filme durch einen zweistufigen Aufdampfvorgang auf Si(111) [82, 84], Si(001) [84] und GaAs(110) [85] erzeugt werden. Dabei wurde zunächst bei tiefen Temperaturen $(100 - 200\,$K$)$ aufgedampft und anschließend über längere Zeit getempert. Eine atomar flache Ag-Schicht wurde bei spezifischen und von der Wahl des Substrats abhängigen Schichtdicken beobachtet. Bei den zitierten Arbeiten liegen diese kritischen Dicken im Bereich von 5-7 Monolagen und haben ihre Ursache in einem "elektronischen Wachstumsverhalten" [86].

Zusammenhängend flache Ag-Schichten lassen sich auch auf Nb(110) mit spezifischen Aufdampfparametern erreichen. Wird zunächst eine 1 nm dicke Ag-Schicht bei Raumtemperatur und anschließend eine 4 nm dicke Schicht bei etwa 500 K aufgedampft, so ergibt sich die in Abb. 4.12 gezeigte Oberfläche.

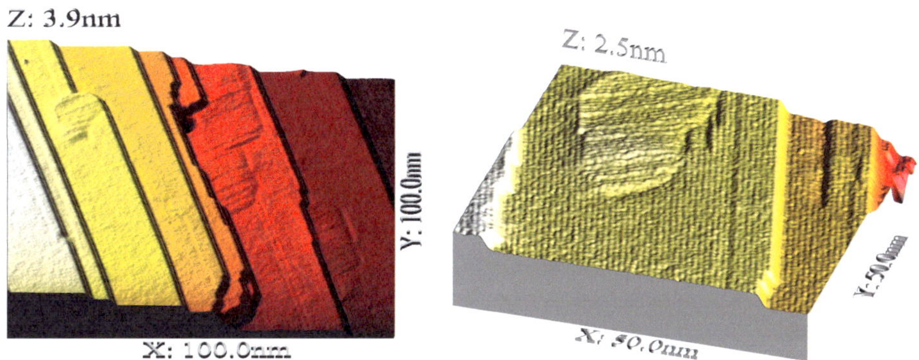

Abbildung 4.12: Die Bilder zeigen atomar flache und durchgängige Ag-Schichten, welche bei speziell gewählten Aufdampfparametern (siehe Text) entstehen. In beiden Bildern sind unterschiedliche Domänen erkennbar.

Das Topographiebild zeigt ausgedehnte und atomar flache Terrassen mit einer durchschnittlichen Breite von etwa 15 nm. Diese liegt somit in der Größenordnung der Terrassenbreiten des Substrats. Die Höhe der einzelnen Ebenen beträgt mit etwa 4.5 ± 0.1 Å zwei Monolagen; nur eine Terrasse weist einen Stufe von 4 Monolagen auf. Auch andere Bilder zeigten, dass nur Terrassen mit einer geradzahligen Anzahl an Monolagen als Höhendifferenz auftreten. Vereinzelt bilden sich Domänen aus, welche um $71 \pm 1°$ zueinander verdreht sind. Das Übergitter innerhalb einer Domäne ist in Abb. 4.13 zu erkennen. Das linke Bild zeigt die ungefilterte Messung, während im rechten Bild ein FFT(Fast Fourier transformation)-Filter verwendet wurde. Die Fouriertransformierte (hier nicht gezeigt) lässt nur einen eindeutigen k-Vektor erkennen. Die als Linien erkennbaren Strukturen haben zueinander einen Abstand von etwa 8 Å. Die Periodizität ist viel größer als der Ag-Ag-Abstand in der (111)-Ebene. Innerhalb der Linien lässt sich eine stark schwankende Periodizität von 9 ± 1 Å feststellen. Aufgrund der Übereinstimmung des Winkels von 71° zwischen den Domänen der Ag-Schicht und der Niob(110)-Struktur (siehe Abb. 4.3), ist davon auszugehen, dass es zwei mögliche Nukleationszentren für das Wachstum der Silberschicht gibt. Da diese Schichten ein Übergitter anstatt der ungestörten fcc(111)-Struktur aufweisen, kann kein Oberflächenzustand in Tunnelspektren beobachtet werden.

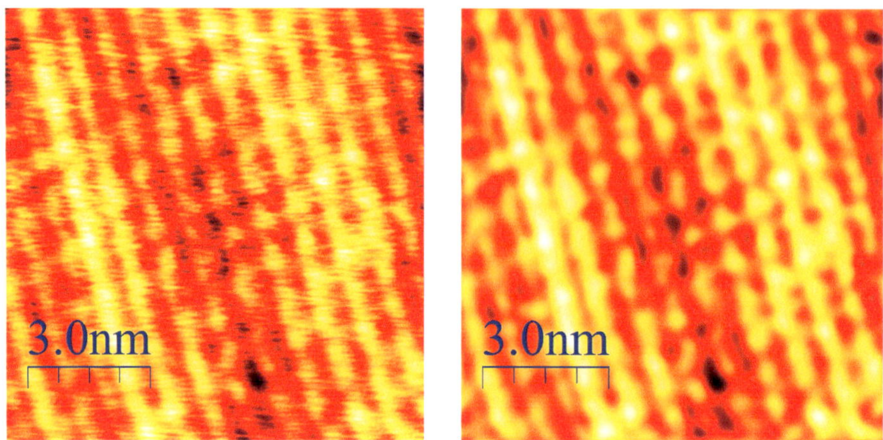

Abbildung 4.13: Das linke Bild lässt die Struktur des Übergitters erkennen, welches auf der ausgedehnten und atomar flachen Silberschicht entsteht. Im rechten Bild wurde eine Tiefpassfilterung angewendet.

Möchte man gezielt größere Ag-Inseln auf Nb(110) wachsen lassen, so muss während des Aufdampfprozesses das Substrat geheizt werden. Abb. 4.14 zeigt die Topographie einer nominell 4 nm dicken Ag-Schicht, welche mit 1 nm/min bei $T \approx 450$ K gewachsen ist. Die entstandenen Inseln weisen Abmessungen zwischen $30 \times 30 \times 4$ nm^3 und $100 \times 100 \times 10$ nm^3 auf. Sie sind stark zerklüftet und es ist deutlich erkennbar, an welchen Stellen Inseln zusammengewachsen sind. Diese "Nahtstellen" sind in Abb. 4.14 blau umrandet. Das blaue Rechteck ist im oberen Teilbild nochmals vergrößert dargestellt. Es sind etwa $3 - 5$ nm lange periodische Vertiefungen zu erkennen. Sie besitzen eine Tiefe von etwa 1.8 Å und einen Abstand von $3.5 - 4$ nm.

Wird die Temperatur beim Aufdampfen weiter gesteigert, so nimmt die Inselanzahl weiter ab und die Inselgröße zu. Abb. 4.15 zeigt Ag-Inseln, welche bei einer Temperatur von $T \approx 600$ K aufgedampft wurden. Dies fand damit nur wenig unterhalb der Sublimationstemperatur von $T_S \approx 670$ K statt. Die nominelle Schichtdicke betrug 5 nm mit einer Aufdampfrate von 1 nm/min. Bei diesen Temperaturen ($T \gtrsim 550$ K) scheinen weder die Aufdampfrate noch die Vorgeschichte der Silberschicht für die Inselform von Bedeutung zu sein. Die Erfahrung zeigt, dass in diesem Fall nur die Menge

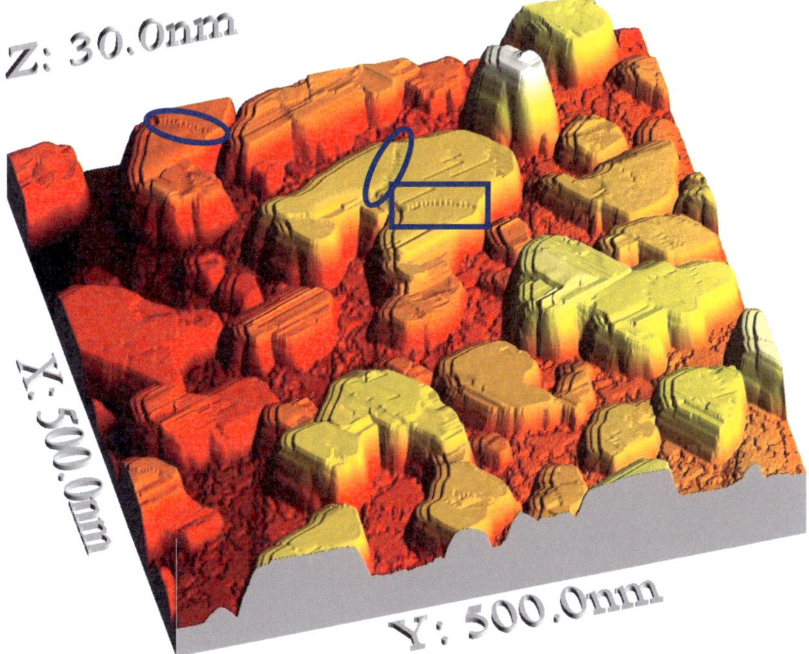

Abbildung 4.14: Heizen auf 450 K während des Aufdampfvorgangs führt zur Entstehung größerer Inseln. "Nahtstellen" zusammengewachsener Inseln sind deutlich anhand periodischer Oberflächenmuster zu erkennen. Einige dieser Übergänge wurden im Bild blau umrandet. Das blaue Rechteck ist nochmals vergrößert dargestellt.

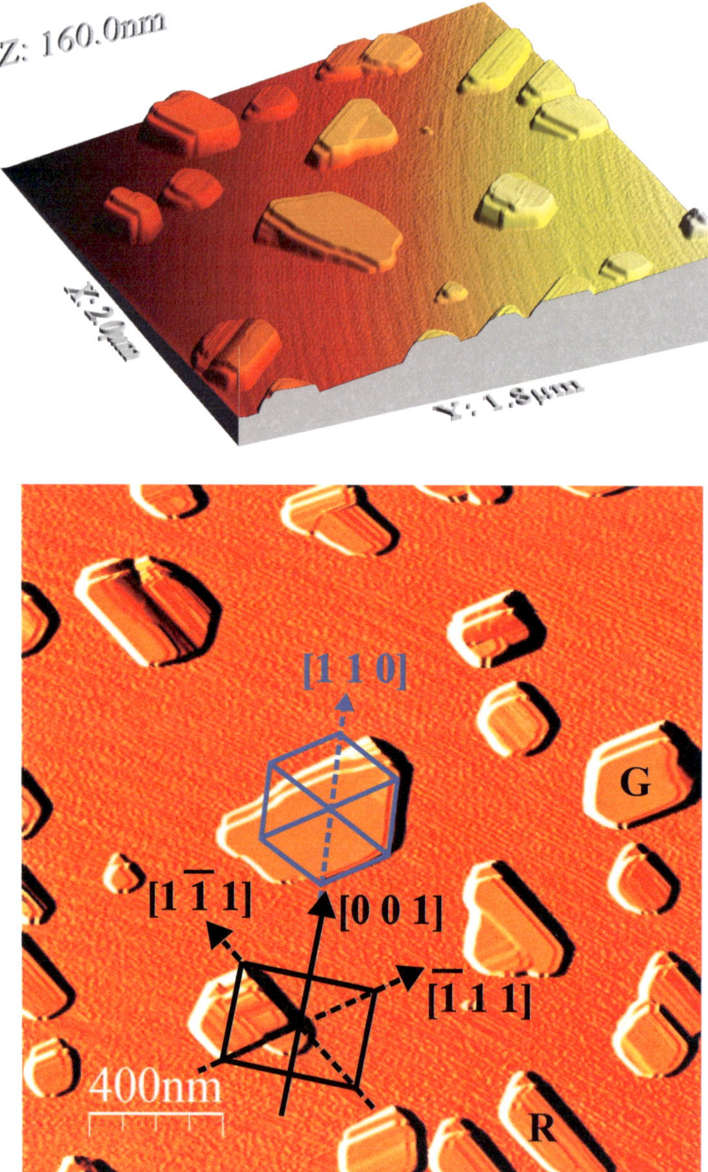

Abbildung 4.15: 5 nm Ag auf Nb(110) bei $T_S = 600$ K. Die 2×2 µm² große Topographieaufnahme zeigt Ag-Inseln unterschiedlicher Größe auf Nb(110). Das untere Bild zeigt die Ableitung der Topographie. Das blaue Sechseck zeigt die Kristallachsen von Ag(111) und das schwarze Rechteck die Kristallachsen von Nb(110). Es sind sowohl glatte (G) als auch raue (R) Inseln erkennbar.

an vorhandenem Silber auf der Oberfläche für die entstehenden Inseln relevant ist. Die in Abb. 4.15 abgebildeten Inselgrößen liegen im Bereich $100 \times 100 \times 10\,\text{nm}^3$ bis $400 \times 400 \times 50\,\text{nm}^3$. Aufgrund des Fehlschnitts der Nb(110)-Oberfläche besitzen sie ein deutlich keilförmiges Profil. Die Oberflächen höherer bzw. größerer Inseln sind zumeist atomar flach. Je kleiner bzw. niedriger die Inseln sind, desto wahrscheinlicher ist eine raue Oberfläche. Verglichen mit der bei $T \approx 450\,\text{K}$ präparierten Probe sind die Inselränder nun deutlich gleichmäßiger geformt und weisen eine erheblich geringere Inselrandfläche auf. Es sind keine "Nahtstellen", wie sie in Abb. 4.14 vorkamen, mehr zu erkennen. Im unteren Bild von 4.15 ist die Ableitung der Topographie gezeigt. Es sind deutlich raue (R), von atomar glatten (G) Inseln unterscheidbar. Letztere weisen gerade Inselkanten auf, deren Winkel, aufgrund der fcc(111)-Symmetrie, Vielfache von 60° sind. Das blaue Sechseck symbolisiert die fcc(111)-Kristallachsen. Diese atomar glatten Inseln wachsen aufgrund der Kurdjumov-Sachs-Orientierung in zwei möglichen Ausrichtungen, jeweils um 5.3° zur bcc(110)-Kristallstruktur (schwarzes Rechteck) gedreht, da immer eine fcc <110>-Achse auf eine der beiden fcc <111>-Achsen zusammenfällt. Am häufigsten ist die Drehung gegen den Uhrzeigersinn zu sehen, da hierdurch die Ag(111)-Kanten stärker mit den Nb(110)-Kanten, aufgrund des Fehlschnitts, zusammenfallen. Die Kanten rauer Inseln orientieren sich an der bcc(110)-Kristallstruktur des Niob und besitzen Winkel von 71° bzw. 109°. Jedoch existieren auch Inseln gemischten Typs, welche im Vereinigungsprozess "eingefroren" sind und dadurch sowohl glatte als auch raue Bereiche besitzen. Die Kanten dieser Inseln weisen sowohl bcc-artige als auch fcc-artige Winkel auf. Die Oberfläche rauer Inseln ist identisch zu der ausgedehnter Ag-Schichten, wie sie in Abb. 4.13 gezeigt wurden.

4.3 Lokale Untersuchung der mechanischen Verspannung von Ag-Inseln auf Nb(110)

Im Folgenden wird auf mechanische Verspannungen von Ag-Inseln auf Nb(110) eingegangen. Wie in Kapitel 4.2 erläutert, stehen Ag-Inseln, aufgrund des Gitterfehlpasses als auch der von Niob verschiedenen thermischen Ausdehnung, unter lokal variierender mechanischer Verspannung. Infolge des Stranski-Krastanov-Wachstums ist die Verspannung durch Gitterfehlpass innerhalb weniger Monolagen abgebaut. Weiterhin gibt es innerhalb der Inseln diverse unterschiedliche Defekte, die ebenfalls einen Einfluss haben. In diesem Kapitel wird gezeigt, dass es mit Hilfe der Rastertunnelmikroskopie möglich ist, die lokale mechanische Verspannung äußerst präzise abzubilden. Nach der Vorstellung bisheriger oberflächenmittelnder Messungen an verspanntem Silber wird zunächst auf die STM-Messungen an Ag-Inseln eingegangen. Im Anschluss werden DFT-Rechnungen der Bandstruktur dünner Ag-Filme vorgestellt, welche von R. Heid und K.-P. Bohnen am Institut für Festkörperphysik des KIT durchgeführt wurden. Abschließend werden FEM-Simulationen für Ag-Inseln auf Nb(110) ausgewertet und mit den in dieser Arbeit vorgestellten STM-Messungen verglichen.

Unter Verwendung der Photoelektronenspektroskopie untersuchten Neuhold et al. [87] die Verschiebung der Dispersion von Oberflächenzuständen von verspannten Ag(111)-Filmen. Als Substrat wurde Si(111)7x7 verwendet, worauf im UHV bei 130 K 5 nm Ag aufgedampft und anschließend bei 300−500 K getempert wurden. Die durch LEED-Messungen verifizierte Ag(111)-Struktur zeigte in der Photoemission den bei diesen Schichten beobachtbaren Oberflächenzustand (siehe Kap. 2.4). Dieser wies jedoch eine Verschiebung der Bandkante auf, die auf eine Verspannung der Silberschicht zurückgeführt wurde. Aus der gemessenen Verschiebung von 150 meV wurde von einer Verspannung von 0.95 % ausgegangen. Die durch die Verschiebung der Oberflächenzustands(OFZ)-Bandkantenenergie bestimmte Verspannung liegt, aufgrund der Eindringtiefe von $\lambda \approx 2.8\,\mathrm{nm}$, in den obersten Atomlagen vor. Der Vorteil solcher oberflächensensitiver Messungen der Verspannung ist evident, allerdings wird über den Bereich des Primärstrahls gemittelt. Hier können STM-Messungen zusätzlich eine ortsabhängige Information liefern.

4.3.1 STM-Messungen an Inseln 1-3

Die STM-Messungen zur Diskussion der mechanischen Verspannung werden anhand dreier, exemplarisch ausgesuchter Inseln vorgestellt. Die ersten zwei wurden mit dem LT-STM bei Temperaturen zwischen 2.5 und 4.2 K untersucht, wobei der Fokus auf der Untersuchung des Oberflächenzustands lag. Für die dritte Insel wurde das JT-STM genutzt, welches eine deutlich tiefere Temperatur und höhere Energieauflösung ermöglichte. Außerdem gestattete es, Messungen unter Magnetfeld durchzuführen.

Drei weitere Inseln (4-6) werden im nachfolgenden Kapitel 4.4 bei der Diskussion der Supraleitung auf Ag-Inseln vorgestellt. Dort wird der Fokus auf den supraleitenden Eigenschaften liegen. Die in dieser Arbeit präsentierten Inseln stellen nur einen Teil der Messungen an Ag-Inseln dar. Grundsätzlich zeigen alle untersuchten Inseln ein konsistentes Verhalten bezüglich des Oberflächenzustands.

Insel 1

In Abb. 4.16 ist eine keilförmige Ag-Insel zu sehen, welche einen Durchmesser von etwa 200 nm aufweist und aufgrund des Niob-Fehlschnitts eine Höhe von 12 bis 19 nm besitzt. In Abb. 4.17 sind die obersten 4.6 nm der Insel zur Verdeutlichung der Oberflächenbeschaffenheit dargestellt. Die Oberfläche ist weitgehend atomar flach, besitzt jedoch drei zueinander parallele, ausgedehnte Liniendefekte. Sie sind in [1 1 0]-Richtung orientiert. Zwei davon beginnen an einer Einschnürung des Inselrands, reichen bis zur Inselmitte und weisen Charakteristika einer Schraubenversetzung auf. In der Inselmitte beginnen die Stufen sich auszubilden und erreichen nach wenigen Nanometern ihre volle Höhe, die bis an den Inselrand beibehalten wird. Ein kürzerer Liniendefekt befindet sich isoliert 60 nm entfernt. Dieser hat eine Länge von 15 nm und eine variierende Höhe mit einem Maximum von etwa 1.8 Å, entsprechend 2/3 einer monoatomaren Stufe. Untersuchungen solcher und auch anderer Defekte an der Ag(111)-Oberfläche eines Einkristalls, mit Hilfe der Rastertunnelmikroskopie, wurden in [88] und [89] vorgestellt. Der kurze Liniendefekt wird in diesen Arbeiten als "split edge dislocation" bezeichnet. Die genaue Klassifizierung der zwei längeren Defekte ist infolge ihrer räumlichen Nähe und des, aufgrund der hier nicht vorhandenen atomaren Auflösung nicht bestimmbaren Burgers-Vektors entlang der Oberfläche, schwierig.

Diese Insel zeigt den für Ag(111)-Oberflächen erwarteten Oberflächenzustand in Tunnelspektren, welcher zu einem stufenförmigen Anstieg des differentiellen Leitwerts führt (Abb. 4.17). Zusätzlich zum stufenförmigen Anstieg des Leitwerts ist ein Minimum an der Fermienergie zu beobachten, welches auf die durch das Nb-Substrat induzierte Supraleitung zurückgeführt und diskutiert wird (siehe Kap. 4.4). Abb. 4.17 (rechts) zeigt dI/dV-Kennlinien, welche entlang einer Linie auf der Ag-Insel von einer Inselkante zur anderen (siehe Abb. 4.17 links) aufgenommen wurde. Es ist zu erkennen, dass die Bandkante des Oberflächenzustands zu hö-

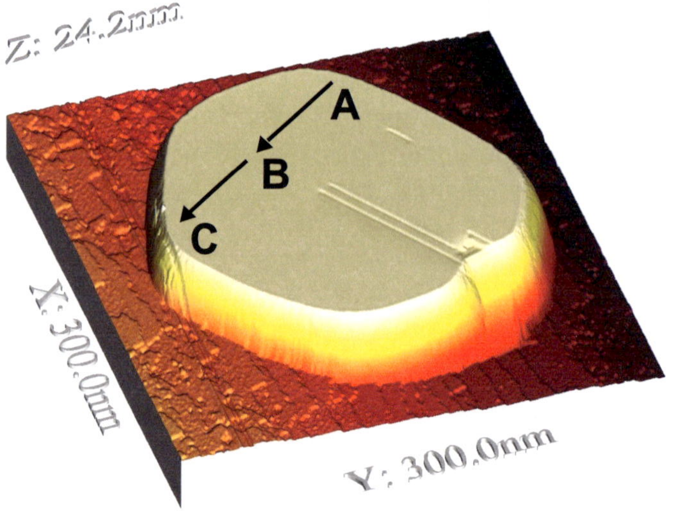

Abbildung 4.16: Ag-Insel #1 mit Abmessungen von etwa $200 \times 220 \times (12 - 19)\,\text{nm}^3$. Es sind 3 ausgedehnte parallele Liniendefekte sichtbar. Zwei ragen von einer Einschnürung des Inselrands zur Inselmitte während der dritte Defekt isoliert rechts oben zu finden ist. Tunnelspektren entlang der eingezeichneten Linie von A nach C sind in Abb. 4.17 dargestellt.

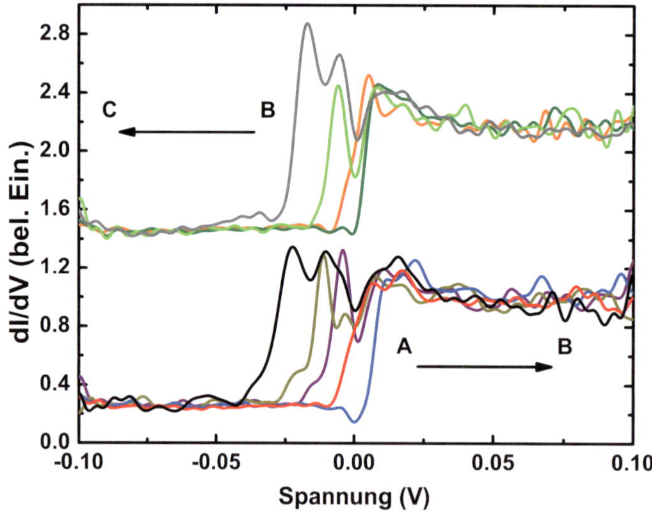

Abbildung 4.17: Die Tunnelspektren zeigen die Entwicklung des differentiellen Leitwerts entlang einer Linie auf der Ag-Insel (siehe Abb. 4.16) von einer Inselkante zur anderen.

heren Energien im Vergleich mit dem Volumenmaterial ($E_0 = -65\,\text{meV}$) verschoben ist. Die Bandkante $E_0 = \text{e} \cdot V$ wird stets bei der halben Sprunghöhe des stufenförmigen Leitwertanstiegs bestimmt. Den niedrigsten Wert erhält man für die schwarze Kurve ($E_0 \approx -30\,\text{meV}$), welche zu Anfang der Linie von A nach B 8 nm entfernt von der Inselkante aufgenommen wurde. Je weiter die Spektren vom Inselrand entfernt gemessen wurden, desto höher liegt die OFZ-Bandkante. Bei der blauen Kurve beträgt sie $E_0 \approx 10\,\text{meV}$. Bewegt man sich entlang der Linie von B nach C erneut auf den Inselrand zu, so sinkt diese wieder bis $E_0 \approx -25\,\text{meV}$ (graue Kurve). Als Ursache der Verschiebung ist die lokale Verspannung der Ag(111)-Oberfläche naheliegend, wie sie bereits durch Neuhold et al. [87] für durchgehende Ag-Filme in der Photoemissionsspektroskopie angenommen wurde. Die Dehnung aufgrund der unterschiedlichen thermischen Ausdehnung von Silber und Niob lässt sich anhand der linearen Ausdehnungskoeffizienten grob abschätzen [$\epsilon_{\text{th}} = (\alpha_{\text{Ag}} - \alpha_{\text{Nb}})\Delta T$]. Nimmt man in grober Näherung für Niob einen T-unabhängigen Ausdehnungskoeffizienten von $\alpha_{\text{Nb}} = 7.1 \cdot 10^{-6}\text{K}^{-1}$ [90] und für Silber $\alpha_{\text{Ag}} = 16 \cdot 10^{-6}\text{K}^{-1}$ [90] an, so ergeben sich für eine Abkühlung von $T_{\text{S}} = 600\,\text{K}$ auf $4\,\text{K}$ thermische Kontraktionen von $\epsilon_{\text{Nb}}(670\,\text{K} - 4\,\text{K}) = 0.37\,\%$ und $\epsilon_{\text{Ag}}(670\,\text{K} - 4\,\text{K}) = 1.07\,\%$. Damit liegt die Differenz $\epsilon_{\text{th}} \approx 0.7\,\%$, zusammen mit der maximalen Verschiebung der OFZ-Bandkante auf der Ag-Insel von $\Delta E_0 \approx 90\,\text{meV}$, in demselben Bereich den Neuhold et al. [87] beobachteten (150 meV bei 0.95 %). Eine genauere Betrachtung lässt sich durch FEM-Simulationen erzielen, siehe Kapitel 4.3.3.

Legt man ein Raster von x × y Punkten über das Topographie-Bild und nimmt an jedem Punkt ein Tunnelspektrum auf, so lassen sich aus den Daten sogenannte dI/dV-Karten erstellen. In diesen wird bei gegebener Tunnelspannung V der Wert dI/dV aus dem Tunnelspektrum an jedem Punkt farbkodiert dargestellt. Abb. 4.18 zeigt dI/dV-Karten der Insel bei unterschiedlichen Tunnelspannungen. Die Temperatur während der Messung betrug 4.2 K. Es wurden 60 × 60 $I(V)$-Kennlinien über eine quadratische Fläche von 240 × 240 nm^2 aufgenommen, wodurch sich eine Ortsauflösung von 4 nm ergibt. Der Tunnelstrom wurde bei 100 mV stabilisiert. An jeder einzelnen Stelle wurden sieben $I(V)$-Kurven gemittelt und anschließend numerisch abgeleitet, jedoch nicht geglättet. In den gezeigten Karten wurde die Auflösung zur besseren Darstellung erhöht und die hinzugefügten Bildpunkte anhand von B-Spline-Kurven verteilt. Die dadurch

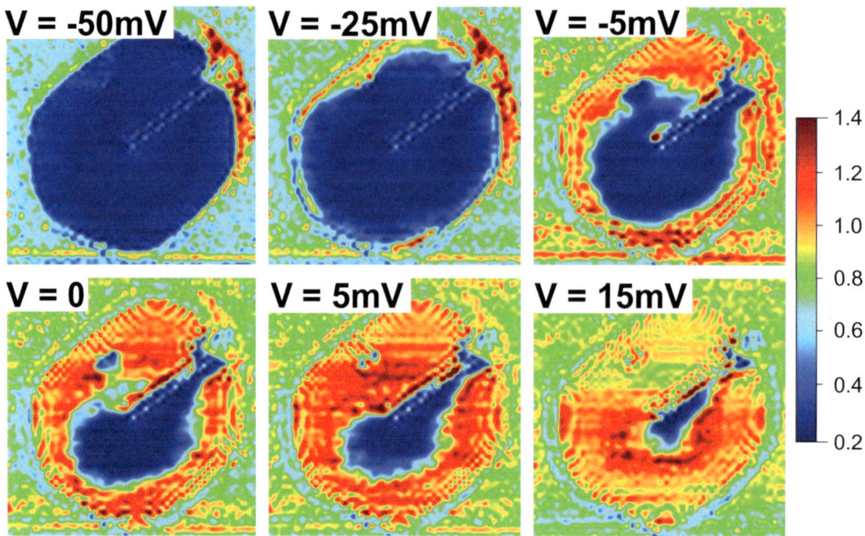

Abbildung 4.18: Es sind dI/dV-Karten (240×240 nm^2) der Ag-Insel #1 bei verschiedenen Tunnelspannungen zu sehen. Die Liniendefekte haben einen deutlich erkennbaren Einfluss auf die lokale Verspannung.

gewonnenen Bilder enthalten somit genau dieselbe Information wie die ursprünglichen, wirken jedoch deutlich plastischer. Eine höhere Ortsauflösung (feinere Rasterung) war, aufgrund der durch die Standzeit des LT-STM von 23 h begrenzten Messzeit und der hohen Messdauer eines einzelnen Spektrums, nicht möglich. Die Inseln 1 und 2, welche im LT-STM untersucht wurden, weisen daher auch eine deutlich höhere Auflösung auf. Im ersten Teilbild bei $V = -50$ mV sind die Umrisse der Ag-Insel, zusammen mit den zwei weit in die Insel hineinreichenden Schraubenversetzungen, deutlich zu erkennen. Aufgrund der Stabilisierung des Stroms bei $V = 100$ mV, bei der der OFZ zur Zustandsdichte beiträgt, ist der differentielle Leitwert auf der Oberfläche der Insel bei $V = -50$ mV reduziert, falls die OFZ-Bandkante bei höheren Energien liegt. An den Inselkanten, insbesondere im rechten oberen Eck, ist die Stabilisierung des Spitze-Probe-Abstands äußerst schwierig und die Tunnelspektren sind daher sehr verrauscht. Da die Spektren in der Darstellung nicht geglättet wurden, führt dies zu hohen Intensitäten in der Darstellung. Betrachtet man die dI/dV-Karte bei $V = -25$ mV, so erkennt man die gestiegene Intensität am linken und oberen Rand der Insel. In diesen Bereichen liegt die OFZ-Kante E_0 unterhalb der Energie, welche durch die Tunnelspannung vorgegeben ist, also $E_0 < -25\,\text{mV}$. Daher ist die lokale Zustandsdichte durch die Anwesenheit des OFZ erhöht. Im nächsten Bild (bei $V = -5\,\text{mV}$) beginnt der Oberflächenzustand von allen Seiten der Insel hinein zu wandern. Mit immer weiter steigender Tunnelspannung bzw. Energie fallen immer größere Bereiche der Insel mit dem OFZ unter die Tunnelspannung. Die lokale Verspannung scheint jedoch oberhalb der Linienversetzungen deutlich geringer zu sein. In einem kleinen Bereich ist selbst bei $V = 15\,\text{mV}$ der OFZ noch nicht aufgetreten. Die höchste gemessene Bandkantenenergie liegt hier bei $V = 30\,\text{mV}$. Ebenfalls ist deutlich zu erkennen, dass die kurze, isolierte Linienversetzung einen starken Einfluss auf die lokale Verspannung hat. Während auf der Seite zum Inselrand hin die lokale Verspannung reduziert wird, ist sie auf der der Inselmitte zugewandten Seite deutlich erhöht. Weiterhin ist bei dieser Auflösung ein sich abzeichnendes Muster stehender Wellen zu erkennen. Dieses ist bei den später gezeigten Inseln mit höherer Auflösung noch besser erkennbar.

Insel 2

Abb. 4.19 zeigt Insel #2 mit den Abmessungen $330 \times 250 \times (14-21)\,\text{nm}^3$. Sie ist etwas größer als die vorhergehende Insel. Auch sie ist grundsätzlich atomar flach, weist jedoch einige Defekte auf. Diese sind in Abb. 4.20 (links) gut erkennbar. Hier wurde erneut eine 2.8 Å dünne Schicht der Ag-Insel herausgeschnitten. Die Defekte sind als etwa 0.7 Å hohe und 20 nm breite "schlangenlinienförmige" Erhebungen zu erkennen. Ein Höhenprofil über die in Abb. 4.20 (links) gezeigte Linie ist auf der rechten Seite der Abbildung zu sehen. Die drei Defekte scheinen sich unterhalb der Oberfläche zu befinden und in keinem Burgers-Vektor senkrecht zur Oberfläche zu resultieren. Sie sind sich in Form und Höhe sehr ähnlich und ragen von der Inselmitte zum Inselrand. An dieser Stelle des Inselrands, in der Umgebung der Defekte, ist die Insel leicht erhöht. Die Klassifizierung der Defekte ist auch hier schwierig, da ohne atomare Auflösung die Ermittlung des Burgers-Vektors in der Oberflächenebene nicht möglich ist. Das Höhenprofil weist jedoch auf den in [88] vorgestellten Defekt-Typ hin, bei dem eine Versetzung in mehrere Teilversetzungen zerfällt. Hierdurch wird der Burgers-Vektor in mehrere kleinere Beträge aufgeteilt und die gesamte, in der Versetzung enthaltene Energie reduziert.

Abbildung 4.19: Ag-Insel #2 besitzt Abmessungen von etwa $330 \times 250 \times (14 - 21)$ nm^3. Es sind 3 "schlangenlinienförmige" Erhebungen zu sehen, die vom oberen Inselrand zur Inselmitte reichen und auf Defekte innerhalb der Insel hindeuten.

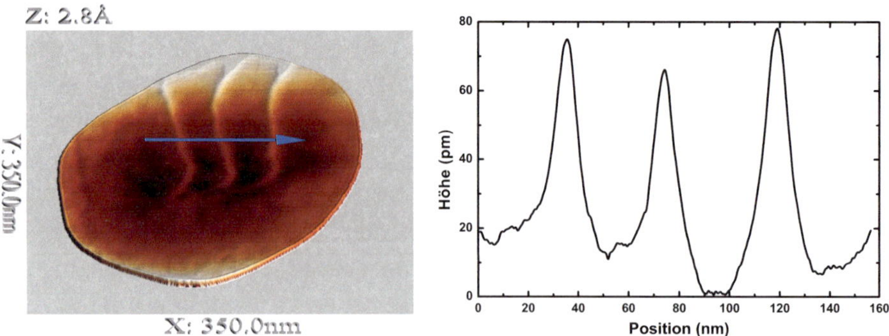

Abbildung 4.20: Auf der linken Seite ist ein Ausschnitt der obersten 2.8 Å der Ag-Insel 2 zu erkennen. Das entlang des Pfeils gemessene Höhenprofil über die Defekte ist im rechten Teilbild zu sehen.

Betrachtet man dI/dV-Karten der Insel (siehe Abb. 4.21), so erkennt man einen erheblichen Einfluss dieser Defekte auf die Position der Bandkante des OFZ bzw. die lokale Verspannung. In der bei $V = -60$ mV entstandenen Karte ist der Oberflächenzustand an keiner Stelle der Insel zu finden. Bei $V = -30$ mV beginnt der OFZ vom oberen Rand vorzudringen. Insbesondere die Aufnahme bei einer Tunnelspannung von $V = -10$ mV lässt erkennen, dass entlang der Defekte die lokale Verspannung deutlich reduziert sein muss. Parallel zu den Defekten wandert der OFZ zur Inselmitte vor, wobei er auf den Erhebungen selbst erst später erkennbar wird. Das Auftreten auf den Defekten zeigt die auch hier vorhandene Ag(111)-Ordnung der Oberfläche. Der Defekt ist vielmehr unterhalb der Oberfläche lokalisiert, hat jedoch großräumige Auswirkungen. Die Differenz der OFZ-Bandkantenenergie auf bzw. neben der Erhebung liegt bei etwa 10 mV. Die letzten Bereiche der Insel werden von den OFZ-Elektronen bei $V = 10$ mV "besiedelt". Dieser Bereich der Insel, im rechten unteren Bild bei $V = 0$ zu sehen, weist die höchste lokale Verspannung auf. Genau in diesen Bereich münden auch die drei Erhebungen.

Insel 3

Die Insel #3 ist im JT-STM untersucht worden. Wie in Kapitel 3.2.2 beschrieben, standen dadurch tiefere Temperaturen ($T \approx 0.7$ K) und Magnetfelder bis $B = 3$ T zur Verfügung. Aufgrund der deutlich längeren Standzeiten und des niedrigeren Rauschens sind die hier vorgestellten dI/dV-Karten in einer höheren Ortsauflösung gemessen worden. Die Topographieaufnahmen enthalten deutlichere Spitzenartefakte, aufgrund der Präparationsweise der Spitze. Jedoch ist das Inselwachstum bzw. sind die grundsätzlichen Inselformen bereits gut aus den LT-STM-Messungen bekannt.

In Abb. 4.22 ist die Insel mit ihrer deutlich hexagonalen äußeren Form zu sehen. Für kleinere Inseln ist es typisch, dass sehr gerade Inselränder auftreten und dadurch die äußere Form die hexagonale Symmetrie der fcc(111)-Struktur deutlich widerspiegelt. Bei größeren Inseln sind die Inselränder stärker abgerundet. Die Insel ist mit etwa $120 \times 70 \times (18-20)$ nm^3 die kleinste der hier vorgestellten Inseln. Es befinden sich einige Defekte an der Inseloberfläche, welche in Abb. 4.23 zu sehen sind. Eine Ansammlung an Punktdefekten ist am rechten Inselrand in der linken Abbildung zu sehen, während am linken Inselrand eine Schraubenversetzung erkennbar ist. Die Ursache für die große Anzahl an Punktdefekten kann darin begrün-

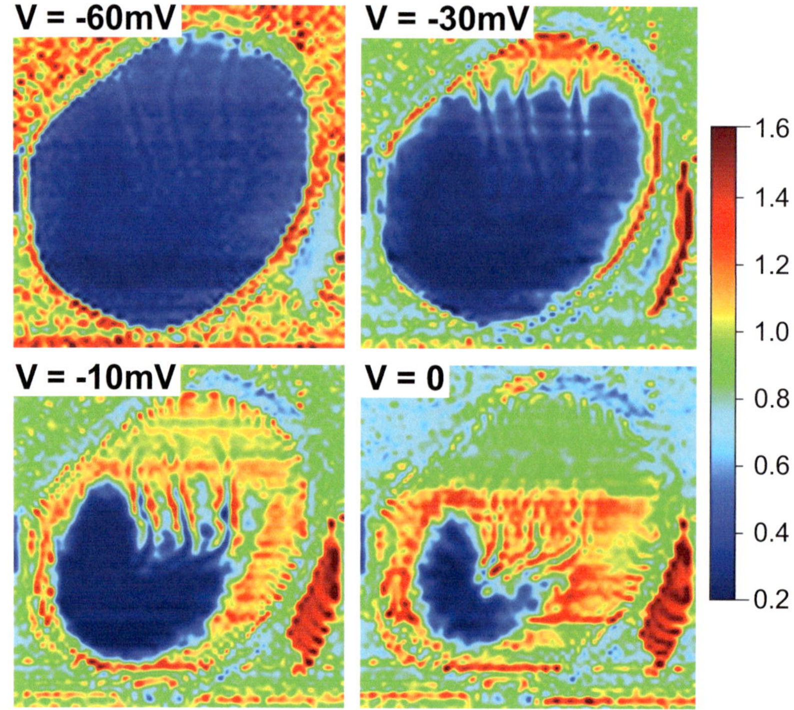

Abbildung 4.21: dI/dV-Karten (320×320 nm^2) der Ag-Insel #2 bei verschiedenen Tunnelspannungen. Entlang der "schlangenlinienförmigen" Erhebungen beginnt die OFZ-Bandkante mit steigender Tunnelspannung in das Zentrum der Insel "hinein zu wandern".

det sein, dass das Substrat zum heizen mehrmals vom kalten STM zum heizbaren Probenhalter und zurück transferiert wurde. Da die Temperatur zur Inselausbildung etwa im Bereich $550 - 650\,\mathrm{K}$ liegen muss und die Heizparameter beim JT-STM noch nicht bekannt waren, erforderte dies einige Tests. Dabei kam es sicherlich zu einer Adsorption von Restgasmolekülen auf der Oberfläche. Diese sind sowohl in der Topographie als auch in den später gezeigten dI/dV-Karten deutlich zu erkennen. Weiterhin ist auch bei dieser Insel eine Schraubenversetzung auf der rechten Seite von Abb. 4.23 zu sehen. Die Stufenhöhe über die Versetzung hinweg beträgt $2.45 \pm 0.1\,\text{Å}$ nach ihrer vollen Ausbildung und damit sehr genau eine Monolage ($2.36\,\text{Å}$).

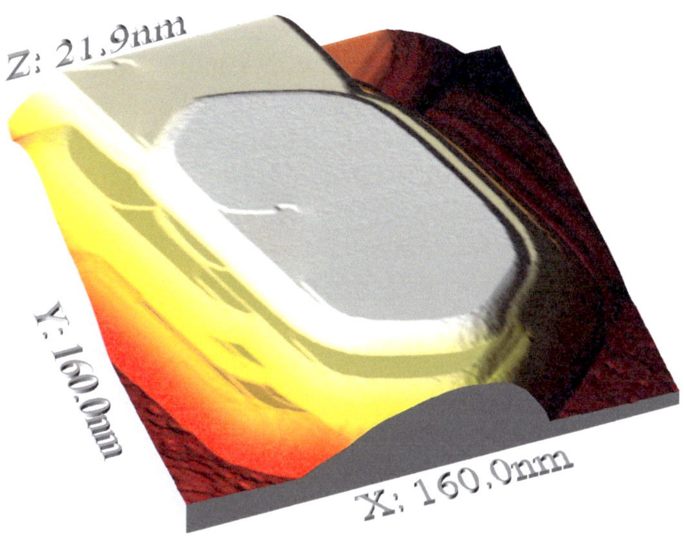

Abbildung 4.22: Ag-Insel #3 besitzt Abmessungen von etwa $120 \times 70 \times (18 - 20)$ nm^3. Es ist eine Schraubenversetzung erkennbar.

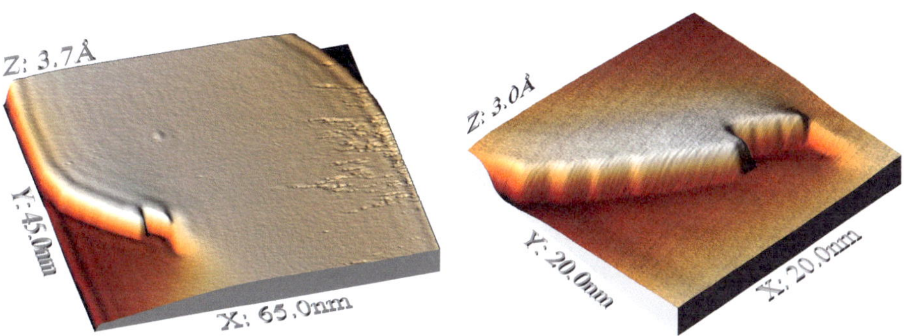

Abbildung 4.23: Im linken Bild ist die Schraubenversetzung am linken Inselrand und die Häufung an Punktdefekten am rechten Inselrand zu erkennen. Das rechte Bild zeigt die Schraubenversetzung im Detail.

In Abb. 4.24 sind dI/dV-Karten für einige ausgesuchte Energien abgebildet. Bei $V = -50\,\text{mV}$ beginnt der OFZ an den Ecken links oben und unten zur Inselmitte vorzudringen. Zusätzlich führt jedoch die Schraubenversetzung zu einer Reduktion der mechanischen Verspannung in einem dreieckähnlichen Gebiet zwischen Versetzung und Inselrand. Bei $V = -40\,\text{mV}$ ist der OFZ bereits auf einem großen Teil der Ag-Insel erkennbar, bei $V = -20\,\text{mV}$ ist die Insel vollständig durchsetzt. Damit sind die mechanischen Verspannungen bei dieser Insel deutlich geringer als bei den vorherigen. Dort war dieser Zustand erst bei $V = +30\,\text{mV}$ (Insel #1) bzw. $V = +10\,\text{mV}$ (Insel #2) erreicht. Insel #3 wird im Kapitel 4.3.3 mit den FEM-Simulationen verglichen. Aufgrund der hohen Ortsauflösung von etwa $1\,\text{nm}$ sind stehende Wellen, welche sich durch Streuung der OFZ-Elektronen an den Inselrändern sowie an Defekten ausbilden, sehr deutlich zu erkennen. Die adsorbierten Mokelüle sind als hellere Punkte bei niedrigeren bzw. dunklere Punkte bei höheren Tunnelspannungen zu sehen. Das äußerst komplexe Muster der stehenden Wellen ist in Abb. 4.25 deutlicher erkennbar. Hier wurde bei einer Tunnelspannung von $V = 4\,\text{mV}$ die Topographie der Insel aufgenommen (rechts unten im Bild), während mit dem Lock-In-Verstärker ($V_{\text{osz}} = 50\,\mu V$, $f = 31\,\text{kHz}$) der lokale Leitwert dI/dV bestimmt wurde (links und oben rechts im Bild). Das Muster im Zentrum des rechten oberen Bildes lässt die hexagonale Symmetrie der Insel erkennen, während an der Stelle der Adsorbate, wie erwartet, keine geordnete Struktur wiedergefunden werden kann. In der Topographieaufnahme rechts unten ist ebenfalls das Interferenzmuster, und sind Vertiefungen aufgrund der Adsorbate, gut zu erkennen.

Grundsätzlich lässt sich aus der Wellenlänge der stehenden Wellen, wie in Kapitel 2.4 erläutert, die Dispersionrelation der Oberflächenzustände bestimmen. Jedoch variiert bei den Ag-Inseln die Bandkante ortsabhängig, weshalb für Elektronen, die sich entlang der Oberfläche bewegen, zwar die Energieerhaltung gilt, der Impuls aber räumlich variiert. Zusammen mit der Streuung an den unterschiedlichen Defekten wird die Dispersionsbestimmung erheblich erschwert. Abb. 4.26 zeigt die Dispersion $E(k) = \text{e} \cdot V(\frac{2\pi}{\lambda})$, welche sich durch Ausmessen der Wellenlängen λ aus einem Teil der dI/dV-Karten der Ag-Insel 3 ergibt. Die einzelnen Punkte stellen die über einen Bereich gemittelten Wellenzahlen dar. In dem verwendeten Areal liegt die Bandkantenenergie im Mittel bei $E_0 = -50\,\text{meV}$. Aufgrund der Variation der Bandkantenenergie in diesem Areal und der für die Wel-

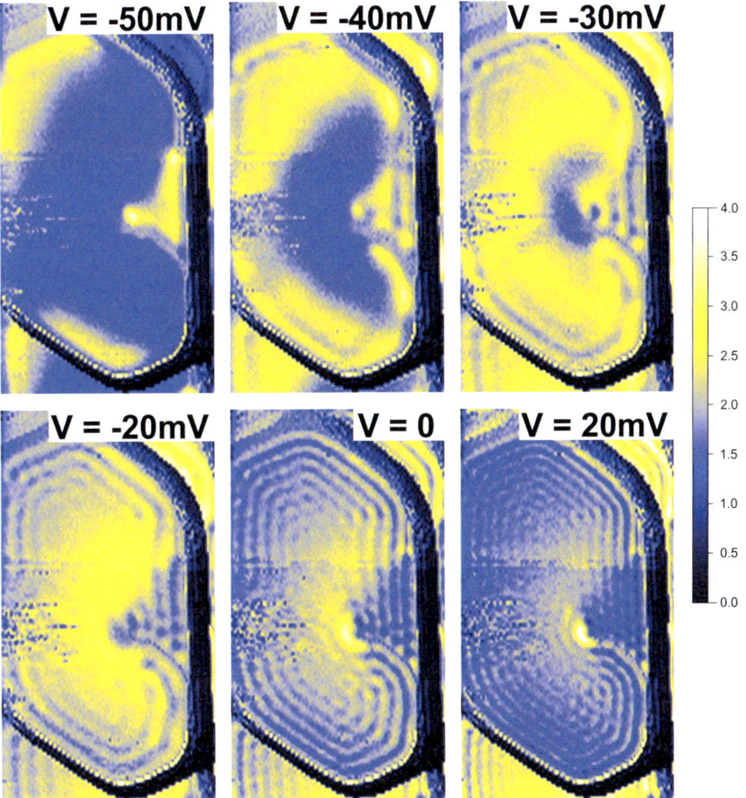

Abbildung 4.24: $\mathrm{d}I/\mathrm{d}V$-Karten ($70 \times 126\,\mathrm{nm}^2$) der Ag-Insel #3 bei ausgesuchten Tunnelspannungen. Die Stufenversetzung führt zu einer Reduktion der mechanischen Spannung in einem dreieckförmigen Gebiet.

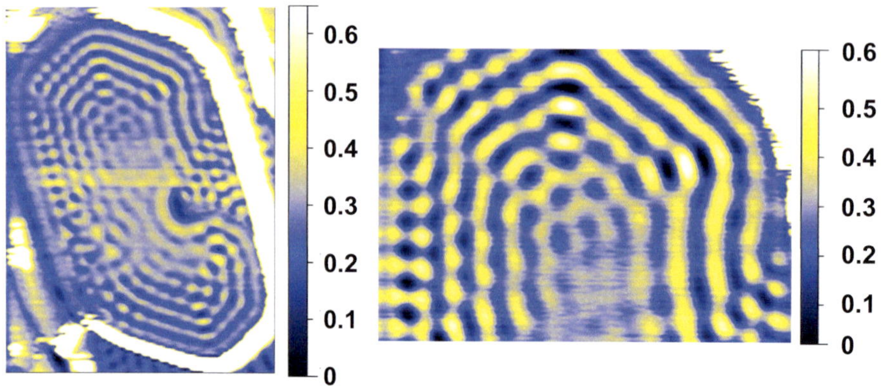

Abbildung 4.25: Links ist eine dI/dV-Karte ($92 \times 120\ \text{nm}^2$) bei $-14\ \text{meV}$ der gesamten Insel zu sehen. Aus der Streuung an den Inselrändern und der Schraubenversetzung ergibt sich ein kompliziertes Muster. Rechts ist der obere Ausschnitt der Ag-Insel ($65 \times 45\ \text{nm}^2$) in höherer Auflösung gemessen worden.

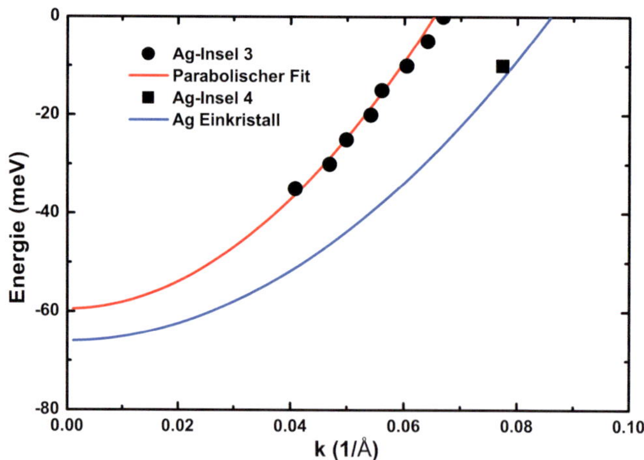

Abbildung 4.26: Die in einem Bereich der Ag-Insel #3 bestimmte Dispersion des Oberflächenzustands zeigt eine parabolische Form. Diese hat mit $m \approx 0.27\,m_\text{e}$ (rote Linie) eine deutlich geringere Masse verglichen mit einem Ag-Einkristall ($m \approx 0.42\,m_\text{e}$; blaue Linie). Ein weiterer Datenpunkt konnte an der Ag-Insel #4 gewonnen werden. Dieser ist in guter Übereinstimmung mit der Dispersion des Ag-Einkristalls.

lenlängenbestimmung niedrigen Ortsauflösung, sind die Fehler sehr groß. Sie liegen bei $\Delta E = \pm 5\,\text{meV}$ und $\Delta k = \pm 0.004/\text{Å}$. Dennoch zeigt der parabolische Fit (rote Kurve) eine Abweichung der hier gemessenen Elektronenmasse ($m \approx 0.27\,\text{m}_\text{e}$) von der Elektronenmasse für einen Einkristall ($m \approx 0.42\,\text{m}_\text{e}$) (blaue Kurve), welche außerhalb der Fehler liegt. Zusätzlich findet sich ein einzelner Punkt, der aus Daten der Ag-Insel 4, welche in Kapitel 4.4 vorgestellt wird, gewonnen wurde. Dabei wurde die Wellenlänge an einem Inselrand bestimmt, welcher möglichst weit von weiteren Inselrändern und Defekten entfernt war. Die Bandkantenenergie des OFZ lag hier bei $E = -55\,\text{meV}$, der Punkt wurde zum Vergleich mit dem Ag-Einkristall um $-10\,\text{meV}$ verschoben, wodurch $E_0(k = 0) = -65\,\text{meV}$ gilt. Der zusätzliche Datenpunkt von Ag-Insel #4 liegt damit auf der blauen Kurve, die sich für einen Ag-Einkristall ergibt. Ohne einen zu großen Fehler hinzunehmen, konnten keine weiteren Punkte aus den Daten gewonnen werden. Jedoch lässt sich feststellen, dass eine nur sehr geringe Abweichung zu den Werten eines Einkristalls vorliegt. Die Abweichungen der ermittelten Dispersionsrelation für die Insel #3 könnten daher zum Teil auf die komplizierte Interferenz durch Streuung der Elektronen an den Inselrändern und Defekten zurückzuführen sein. Elektronen, welche aus anderen Inselgebieten kommen, behalten zwar ihre Energie, aufgrund der Variation der Dispersion ändert sich jedoch auch ihr Impuls. Aus den gewonnenen Daten lässt sich somit nicht eindeutig auf eine Veränderung der Elektronenmasse durch die mechanische Verspannung schließen. Die im nächsten Kapitel vorgestellten DFT-Rechnungen zeigen nur eine sehr geringe Abhängigkeit der Elektronenmasse von der Verspannung ($\Delta m < 1\%\,\text{m}_\text{e}$). Andererseits berichten auch Sawa et al. [91] über eine Änderung der Elektronenmasse in der Dispersion verspannter Ag-Filme auf Si(111) 7×7. Es wurde ebenfalls eine Verschiebung der Bandkantenenergie E_0 zu höheren Energien und eine geringere effektive Elektronenmasse des Oberflächenzustands beobachtet. Bei einer 10 Monolagen ($\approx 3\,\text{nm}$) hohen Ag-Schicht betrug die Bandkantenenergie $E_0 = -6\,\text{mV}$ und die Elektronenmasse $m = 0.37\,\text{m}_\text{e}$. 40 Monolagen ($\approx 11\,\text{nm}$) resultierten in $E_0 = -51\,\text{mV}$ bzw. $m = 0.42\,\text{m}_\text{e}$ und somit annähernd den Einkristallwerten. Durch Simulationen ließ sich eine Hybridisierung der Oberflächenzustände mit den Quantentrogzuständen ausschließen, so dass ausschließlich die mechanische Verspannung als Erklärung übrig blieb. Dies wäre mit der beobachteten Massenänderung auf Ag-Inseln, bis auf die absolute Größe, konsistent.

4.3.2 DFT-Rechnungen

Zur Bestimmung der lokalen Verspannung, mit Hilfe der aus STM-Messungen gewonnenen OFZ-Bandkantenenergie E_0, wurden Rechnungen im Rahmen der Dichtefunktionaltheorie (DFT) durch R. Heid und K.-P. Bohnen (Institut für Festkörperphysik; KIT) durchgeführt. Dazu wurde das Vienna Ab-initio Simulation Package (VASP) [92, 93] unter Verwendung der Projector Augmented Plane-Wave (PAW)-Methode [94] und Perdew-Burke-Enzerhof Generalized-Gradient-Approximation (GGA) des Austauschpotentials [95] verwendet. Die verspannte Ag(111)-Oberfläche wurde durch Stapel aus 45 Atomlagen dicken Ag-Schichten und 7 Atomlagen hohen "Vakuumschichten" modelliert. Eine derart hohe Ag- und Vakuumschicht garantiert Volumeneigenschaften in der Ag-Schicht und eine geringe Wechselwirkung zwischen den Stapeln. Das Vorhandensein zweier Oberflächen der Ag-Schicht führt grundsätzlich zu einer Hybridisierung und damit einer Aufspaltung der beiden Oberflächenzustände, welche jedoch ebenfalls bei 45 Atomlagen äußerst gering ausfallen. Die Gitterkonstante in der Schicht wurde auf $a = (1 + \epsilon) \cdot a_0$ mit der theoretischen Volumen-Gitterkonstante $a_0 = 4.1645\text{Å}$ festgelegt. Bei der Berechnung einer vordefinierten lateralen Verspannung konnten die Stapel in senkrechter Richtung relaxieren. Es wurde eine Abschneidefrequenz der ebenen Wellen bei 680 eV sowie ein sehr dichtes k-Gitter mit 232 Punkten in der irreduziblen Brillouin-Zone verwendet.

Die sich aus den Rechnungen ergebende OFZ-Bandkante $E_0(a/a_0)$ ist in Abb. 4.27 gezeigt. Aufgrund der Wechselwirkung der Oberflächenzustände an den beiden Seiten des Stapels kommt es zu einer Aufspaltung der Oberflächenzustände im Bereich $5 - 10$ meV. Die vorgestellten Daten zeigen eine Mittelung beider Werte. Für den unverspannten Fall ergibt sich $E_0 = -35 \pm 7$ meV. Dieser Wert liegt in angemessener Übereinstimmung mit dem experimentellen Wert $E_0^{\text{exp}} \approx -65$ meV. Eine lineare Anpassung liefert eine Steigung $\Delta E_0/\epsilon \approx 119$ meV/% für die OFZ-Bandkantenenergie. Die Volumenbandkante L_2' ist ebenfalls dargestellt. Auch diese zeigt eine lineare Abhängigkeit von der lateralen Verspannung mit einer etwas größeren Steigung $\Delta L_2' \approx 157$ meV/%. Es kommt jedoch zu keinem Überlapp der OFZ-Dispersion mit den Volumenzuständen bei steigender Verspannung, auch nicht bei höheren Wellenzahlen (hier nicht gezeigt). Eine vergleichbare Abhängigkeit der OFZ-Bandkante von der Verspannung er-

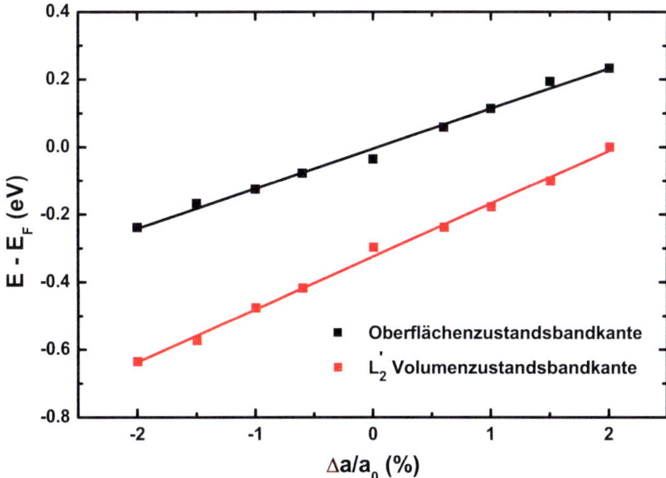

Abbildung 4.27: Die DFT-Rechnungen zeigen in diesem Intervall ($\Delta a/a_0 = \pm 2\%$) eine lineare Abhängigkeit der OFZ-Bandkantenenergie und der Volumenbandkante $L_2^{'}$ von der lateralen Verspannung. Die durchgezogenen Linien zeigen die linearen Anpassungen.

gab sich in der Photoemissionsspektroskopie an Ag(111) auf Si [87] mit $\Delta E_0/\epsilon \approx 158\,\text{meV}/\%$ und bei temperaturabhängigen Photoemissionsmessungen [96] auf Ag(111) mit $\Delta E_0(T) \approx -75\,\text{meV} + 0.17\,\text{meV/K} \cdot T$.

Die Abhängigkeit der OFZ-Bandkantenenergie weist auf eine laterale Dehnungsspannung der Ag-Inseln hin und stimmt mit der Abschätzung der thermischen Dehnung aus dem vorherigen Kapitel $\Delta \epsilon \approx 0.7\,\%$ gut überein. Eine genauere Betrachtung wird mit Hilfe einer FEM-Simulation im nächsten Kapitel durchgeführt. Mit Hilfe des berechneten Zusammenhangs zwischen OFZ-Bandkantenenergie und lateraler Dehnung können dI/dV-Karten nun in Abbildungen der lokalen mechanischen Verspannung umgewandelt werden. In Abb. 4.28 wurden Linien konstanter lateraler Verspannung der Insel #1 eingezeichnet. Die niedrige Intensität der Verspannung am Inselrand ($\sim 0.3\%$) steigt mit zunehmendem Abstand nach innen an (grün) und hat ihr Maximum in der Inselmitte am Ende der beiden Liniendefekte ($\sim 0.8\%$).

Abschließend ist die effektive Masse der OFZ-Dispersion und der Volumenbandkante in Abhängigkeit der Verspannung in Abb. 4.29 gezeigt. Während sich nur eine sehr geringe Variation ($\Delta m < 1\%\,e$) bei den OFZ-

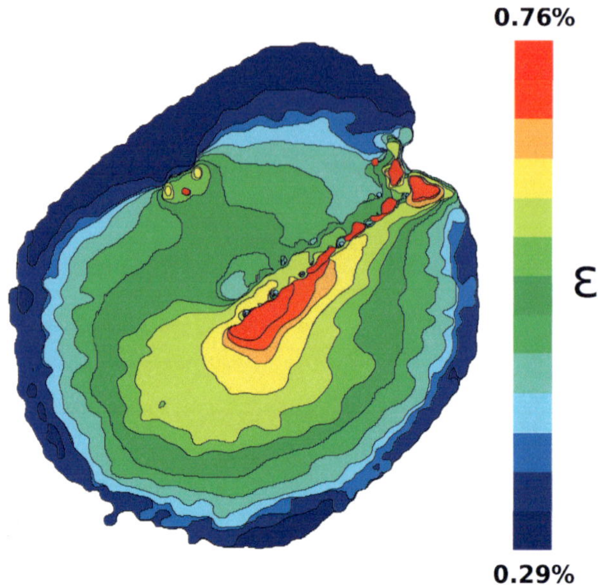

Abbildung 4.28: Es ist die Spannungsverteilung der Ag-Insel #1 dargestellt. Die laterale Verspannung ist am Inselrand am geringsten und steigt zur Inselmitte an. Die eingezeichneten Linien markieren Bereiche konstanter Verspannung.

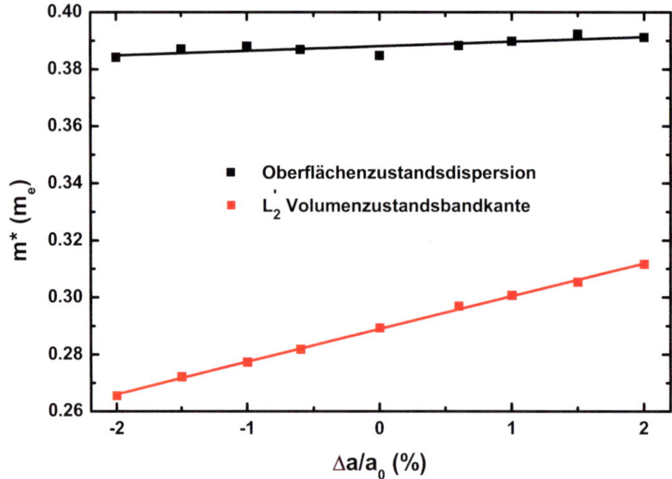

Abbildung 4.29: Effektive Massen in Abhängigkeit der Verspannung für die Elektronen im OFZ und im Volumen. Die durchgezogenen Linien zeigen lineare Anpassungen an die Daten.

Elektronen zeigt, ist diese bei der Volumenbandkante deutlich ausgeprägter ($\approx 10\%$). Die DFT-Rechnungen liefern keine Erklärung für die beobachtete Änderung der effektiven Masse der Oberflächenzustände (siehe Kap. 4.3.1). Trotz der Variation der Volumenbandkantenkrümmung kommt es in dem hier beobachteten Bereich der Verspannungen nicht zu einem Überlapp der OFZ-Dispersion mit Volumenzuständen.

4.3.3 Simulation mit der Finite-Elemente-Methode (FEM)

Die Messungen an den Ag-Inseln zeigen, dass die OFZ-Dispersion zu höheren Energien bis über die Fermienergie hinweg verschoben ist. Insbesondere nimmt die Verschiebung mit wachsender Entfernung vom Inselrand zu. Zur Überprüfung der Verteilung der mechanischen Verspannung innerhalb einer Insel wurden Simulationen unterschiedlicher Inselformen mit Hilfe des Programms COMSOL Multiphysics durchgeführt. Es handelt sich hierbei um eine sehr breit einsetzbare Software zur Simulation physikalischer Vorgänge, die mittels Differentialgleichungen beschrieben werden können, und basiert auf der Finite-Elemente-Methode.

Im Modell wurden sowohl die Niob- als auch die Silber-Insel als monokristallin angenommen. Beim Aufdampfen des Silbers befindet sich das Substrat auf einer Temperatur von 600 bis 650 K. Bei dieser Temperatur ist das Silber äußerst mobil und die Inseln bilden sich aus. Diesem Vorgang wird nach dem Aufdampfen durch weiteres Heizen für 10 bis 30 min Zeit gelassen, damit sich klar definierte Inseln ausbilden. Bei Unterschreiten einer Temperatur von etwa 500 bis 600 K reicht die verfügbare Energie nicht mehr aus, um in einem großen Umfang Umlagerungsprozesse zu ermöglichen. Die Inseln "frieren" in ihrem aktuellen Zustand ein. Nach Transfer der Probe in das LT-STM läuft der Abkühlvorgang weiter bis Heliumtemperatur, und Insel und Substrat beginnen zu schrumpfen. Unterschiedliche thermische Ausdehnungskoeffizienten führen zu einer mechanischen Dehnung und Verspannung, welche von den Elastizitätstensoren von Niob und Silber abhängen. Die Simulationen müssen berücksichtigen, dass beide Materialien monokristallin sind und spezifische Kristallrichtungen zueinander ausgerichtet sind. Details zu den temperaturabhängigen Ausdehnungskoeffizienten und Elastizitätstensoren finden sich im Anhang A.

Es wurden Inseln unterschiedlicher Größen und Formen simuliert. Abb. 4.30 zeigt eine runde Insel mit einem Durchmesser $d = 300\,\mathrm{nm}$, wobei ein

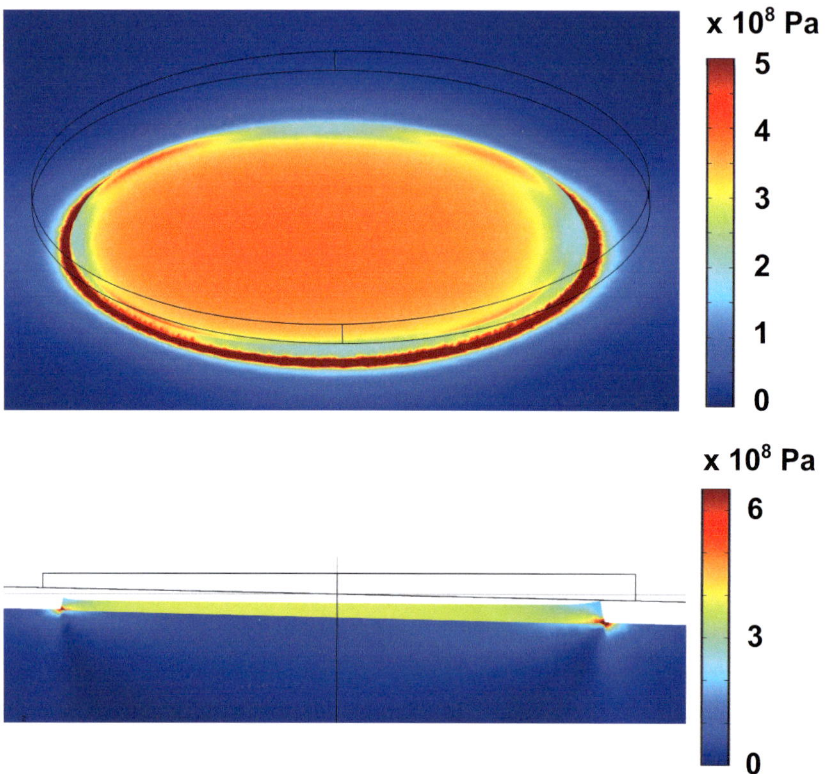

Abbildung 4.30: FEM-Simulation der Spannungsverteilung einer runden keilförmigen Insel mit 300 nm Durchmesser und 24 − 30 nm Höhe. Die Gitterlinien zeigen die Ausgangsform vor dem Abkühlen. Im oberen Bild ist die Insel aus perspektivischer Sicht zu erkennen, während das untere einen Querschnitt durch die Insel zeigt.

Fehlschnitt von $\phi = 1.15°$ angenommen wurde. Aufgrund des Fehlschnitts ist die Insel keilförmig, mit einer maximalen Höhe von 30 nm und einer minimalen von 24 nm. In der Abbildung erkennt man die Form der Insel, wie man sie bei $T = 5$ K erwarten würde, ginge man von einem Kontinuumsmodell für Ag und Nb aus und vernachlässige die Entstehung von Defekten. Die Einfärbung der Oberfläche zeigt die lokale Oberflächenspannung. Diese hat ihr Maximum an den Kontaktstellen zwischen Inselrand und Substrat. Die in allen folgenden Abbildungen dargestellte Spannung ist die von-Mises-Vergleichsspannung [97]:

$$\sigma_{v} = \sqrt{\sigma_{x^2} + \sigma_{y^2} + \sigma_{z^2} - \sigma_{x}\sigma_{y} - \sigma_{x}\sigma_{z} - \sigma_{y}\sigma_{z} + 3(\tau_{xy}^2 + \tau_{xz}^2 + \tau_{yz}^2)} \,. \tag{4.5}$$

An den Kontaktstellen zwischen Silber und Niob beträgt die maximale Spannung etwa 1.6 GPa. Ein Querschnitt durch die Insel ist ebenfalls in Abb. 4.30 gezeigt. Man erkennt das Spannungsmaximum am Inselrandübergang (zwischen Ag-Insel und Substrat), welches wenige Nanometer in das Substrat und in die Insel hineinreicht. Im Gegensatz hierzu weist die Inseldeckfläche die geringste Spannung auf. Bewegt man sich zur Inselmitte, so steigt die Spannung erneut an. Diese Systematik der Spannungsverteilung ist unabhängig von der Inselgröße stets beobachtbar. Weiterhin lässt die Spannungsverteilung auf der Inseloberseite die Anisotropie der Kristallstruktur auf der Ag(111)-Oberfläche erkennen. Die Spannung am Inselrand ist in x- und y-Richtung (entsprechend $< 1\bar{1}0 >$ und $< 0\,\bar{1}0 >$, siehe Anhang A) mit 0.36 GPa höher als in Diagonalenrichtung mit 0.20 GPa. Diese Richtungsabhängigkeit ist jedoch bei Simulationen realer Inselformen weniger erkennbar und in STM-Messungen nicht als solche eindeutig beobachtet worden (siehe Abb. 4.31 und 4.32). Jedoch steigt mit der Inselhöhe die Spannung am Inselrandübergang generell an, wobei der Inseldurchmesser hierauf einen geringen Einfluss hat und mit steigendem Durchmesser leicht abnimmt. Weiterhin beobachtet man mit steigender Inselhöhe auch eine abnehmende Spannung auf der Inseloberfläche. Beide Effekte sind in Abb. 4.30 aufgrund der Keilform erkennbar. Mit sinkendem Inseldurchmesser ist nur eine geringe Abnahme der Spannung an der Inseloberfläche verbunden. Die hohe lokale Spannung an der Ag/Nb-Grenzfläche wird insbesondere an diesem Ort zu einer Entstehung von Defekten führen. An diesem Punkt versagt das Kontinuumsmodell der FEM-Simulation.

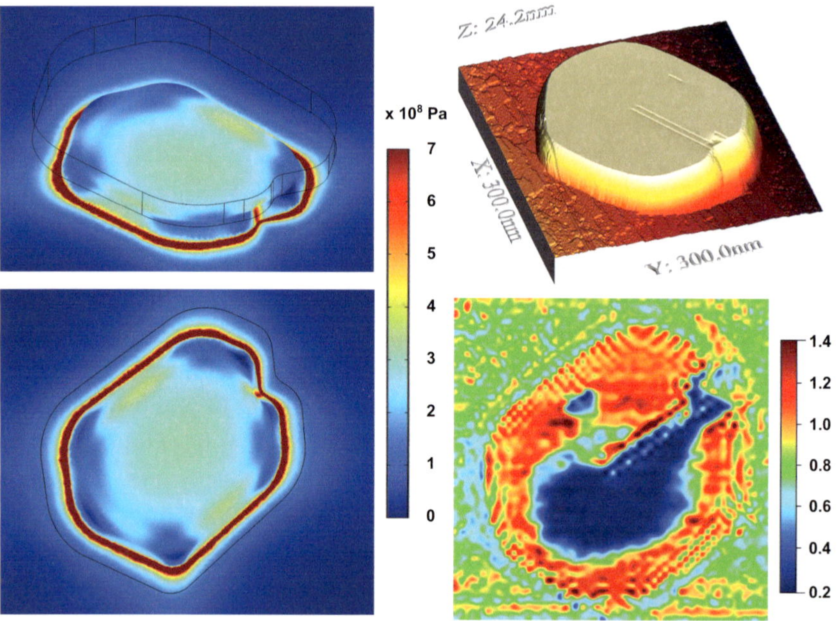

Abbildung 4.31: FEM-Simulation der Spannungsverteilung der Insel #1, welche in 4.3.1 vorgestellt wurde. Im linken oberen Bild ist die Insel aus perspektivischer Sicht und im linken unteren in der Draufsicht dargestellt. Die Form wurde so genau wie möglich der realen Ag-Insel nachempfunden. Auf der rechten Seite findet sich eine Topographieaufnahme (oben) und eine dI/dV-Karte bei $V = 0$, welche die Spannungsreduktion aufgrund der Linienversetzung im oberen Bereich zeigt.

Vergleicht man im STM untersuchte Inseln mit deren FEM-Simulationen, so lassen sich Rückschlüsse darauf ziehen, wie Defekte innerhalb der Insel die lokale Spannung beinflussen. Bisherige Ergebnisse, wie beispielsweise die von Christiansen et al. [88], in denen STM-Untersuchungen an Ag(111)-Oberflächen mit Defekten durchgeführt wurden, werden hierdurch vervollständigt. In jener Arbeit wurde die Struktur von Defekten an der Oberfläche, und insbesondere auch der Burgers-Vektor, mit Hilfe des STM untersucht. Mit molekulardynamischen Rechnungen wurden die Struktur und Orientierung der Versetzung unterhalb der Oberfläche bestimmt. Hier tragen die in dieser Arbeit durchgeführten STS-Messungen des Oberflächenzustandes zusammen mit FEM-Simulationen zum weiteren Verständnis des Einflusses von Defekten auf die lokale Verspannung bei. In Abb. 4.31 (links) ist die Simulation der Insel #1 gezeigt. Vergleicht man die Spannungsverteilung mit der der fiktiven runden Ag-Insel aus Abb. 4.30, so erkennt man, dass die lokale Spannung in den Ecken reduziert ist. Dies konnte in der Regel auch bei den STS-Messungen an den anderen Ag-Inseln beobachtet werden. Aufgrund der deutlich komplexeren Form der realen Ag-Inseln ist dies nicht unerwartet. Die FEM-Simulationen zeigen, dass die Spannungsreduktion in diesen Ecken umso größer ist, je spitzer deren Öffnungswinkel ist. In diesen besitzt das Silber mehr Freiheit zu "entspannen", da es lateral weniger eingeschränkt ist. Somit ist die Spannungsverteilung einer spezifischen Ag-Insel deutlich stärker von der Form des Inselrandes als von der Höhe der Insel geprägt. Für den direkten Vergleich ist die Topographie und eine dI/dV-Karte bei $V = 0$ auf der rechten Seite der Abb. 4.31 dargestellt. Die Insel weist, wie in Kap. 4.3.1 diskutiert, zwei parallele Linienversetzungen auf, die sich von der Einschnürung am Rand der Insel bis zur Mitte ausdehnen. In der FEM-Simulation ist an der Stelle der Einschnürung eine deutlich erhöhte lokale Spannung erkennbar, die Ursache der Entstehung der Versetzungen sein könnte. Diese haben, wie in Kapitel 4.3.1 beschrieben, erheblichen Einfluss auf die lokale Spannung. Bei der hier vorgestellten Insel kommt es zu einer deutlichen Spannungsentlastung oberhalb der Linienversetzungen. Das Entstehen von Versetzungen könnte auch die Ursache dafür sein, dass das Hochbiegen an der Inseloberseite am Rand der Inseln nicht im STM beobachtet wird. Grundsätzlich ist eine hohe Übereinstimmung mit den experimentellen Ergebnissen zu erkennen und die Verschiebung der Oberflächenzustandsdispersion aufgrund der lokalen Verspannung als naheliegend und durch die Simulationen bekräftigt zu betrachten.

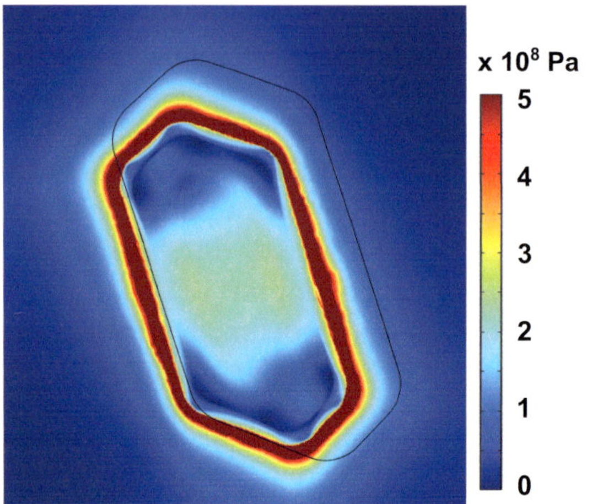

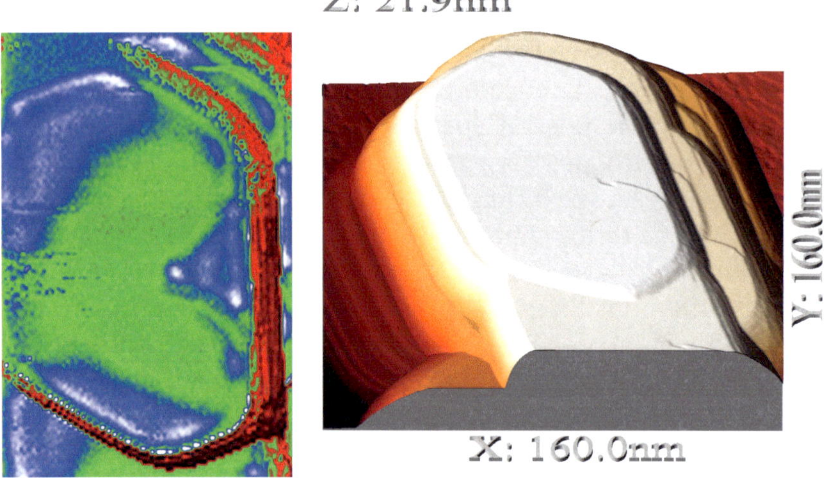

Abbildung 4.32: Im oberen Bild ist die FEM-Simulation der Spannungsverteilung der Ag-Insel #3 gezeigt. Darunter befindet sich eine $\mathrm{d}I/\mathrm{d}V$-Karte bei $V = -45\,\mathrm{mV}$ zusammen mit einem Bild der Topographie.

Abschließend wird kurz auf die FEM-Simulationen der Insel #3 (siehe Abb. 4.32) eingegangen. Die Topographie der Insel ist zusammen mit einer dI/dV-Karte bei $V = -45$ mV dargestellt. Es ist deutlich zu erkennen, dass die Schraubenversetzung zu einer Abnahme der lokalen Spannung in einem dreiecksähnlichen Gebiet führt. Im Gegensatz hierzu ist die Spannungsverteilung in der rechten unteren Ecke der Insel nicht vergleichbar mit der linken oberen Ecke. Dies wird in der FEM-Simulation nicht beobachtet. Auch hier ist der Einfluss der Versetzung eine mögliche Ursache.

4.4 Einfluss der Oberflächenzustände auf die supraleitenden Eigenschaften der Ag-Inseln

Wie in Kapitel 2.2 erläutert, wird, aufgrund des Proximity-Effekts, durch das supraleitende Nb-Substrat in den Ag-Inseln Supraleitung induziert. Die große mittlere freie Weglänge in Silber führt, zusammen mit der hohen Kohärenzlänge und den ähnlichen Fermigeschwindigkeiten von Ag und Nb [98], zur Ausbildung einer nahezu identischen Energielücke auf dünnen Silberfilmen. Allerdings könnte es bei (111)-orientierten Ag-Inseln zu einer Änderung der supraleitenden Eigenschaften aufgrund der Anwesenheit des Oberflächenzustands kommen. Aufgrund der Abhängigkeit des OFZ von der lokalen Verspannung bieten die Ag-Inseln auf Nb(110) eine ausgezeichnete Möglichkeit, den Einfluss des OFZ auf die induzierte Supraleitung beim Verschieben über die Fermie-Energie ($V = 0$) hinweg zu untersuchen. D. h. es ist möglich, Unterschiede der supraleitenden Eigenschaften in An- bzw. Abwesenheit des OFZ an der Energielücke zu messen. Weiterhin kann im JT-STM, wie in Kapitel 4.1 gezeigt, durch ein Magnetfeld von $B = 0.7$ T die Supraleitung von Nb vollständig unterdrückt werden. Hierdurch lassen sich Eigenschaften aufgrund der Wechselwirkung zwischen OFZ und induzierter Supraleitung separieren. Die supraleitenden Eigenschaften wurden anhand von drei Ag-Inseln (Inseln 4-6) im JT-STM bei $T \approx 0.7$ K untersucht.

4.4.1 STM-Messungen an Insel 4

Die in Abb. 4.33 gezeigte Insel besitzt die Abmessungen $600 \times 600 \times (38 - 45)$ nm^3 und ist damit die höchste der drei Inseln. Aufgrund der Höhe der

Ag-Insel und der Spitzenpräparation am JT-STM sind starke Artefakte der Spitze zu sehen. Die Messungen im LT-STM zeigten jedoch stets scharfe Inselränder, so dass die Artefakte für die Interpretation der Inselform nicht weiter störend wirken. In der Mitte der Insel befindet sich eine große Ansammlung an Defekten, welche in Abb. 4.34 detaillierter dargestellt sind. Einige als Lomer-Cottrell-Versetzungen [99, 100] erkennbare Defekte sorgen hier für eine hohe Immobilität der Versetzungen, so dass beim Tempern ein "Ausheilen" erschwert wurde. Eine Lomer-Cottrell-Versetzung besteht aus Partialversetzungen mit Burgers-Vektoren kleiner als eine Gitterkonstante. Ihr Entstehen ist zwar energetisch bevorzugt, führt jedoch zu einer äußerst unbeweglichen Konfiguration. Weiterhin finden sich auch Stapelfehler und Schraubenversetzungen. Drei ausgedehnte Liniendefekte erstrecken sich bis zum Inselrand.

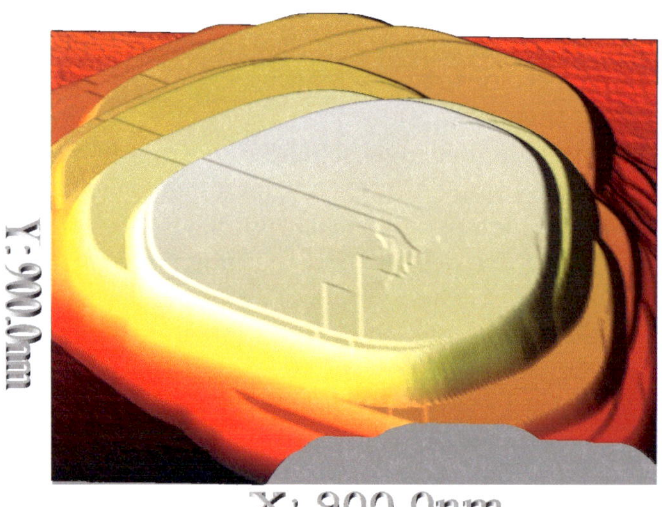

Abbildung 4.33: Ag-Insel #4 besitzt Abmessungen von etwa $600 \times 600 \times (38 - 45)$ nm^3. Es ist eine große Ansammlung an Defekten in der Mitte zu erkennen. Drei ausgedehnte Defekte erstrecken sich bis zum Inselrand.

Auch hier ist, ebenso wie bei den in Kap. 4.3 diskutierten Inseln, ein deutlicher Einfluss der Defekte auf die mechanische Verspannung in den dI/dV-Karten zu erkennen. Abb. 4.35 zeigt Leitwertkarten bei fünf ver-

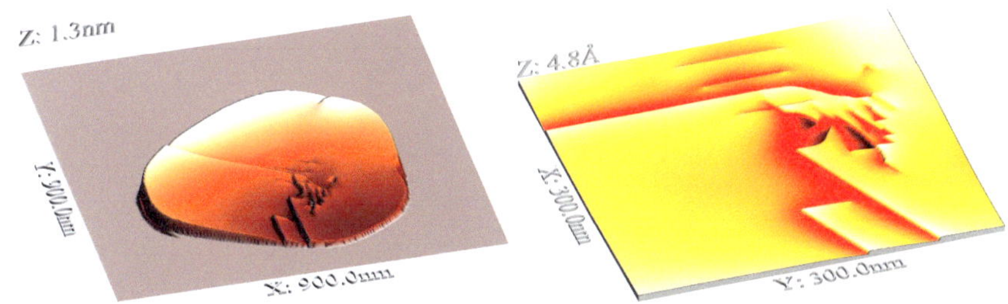

Abbildung 4.34: Im linken Bild ist ein Ausschnitt der obersten 1.3 nm hohen Schicht der Insel zu sehen. Im rechten Bild ist der mittlere Ausschnitt nochmals separat dargestellt. Es sind auch einige Lomer-Cottrell-artige Versetzungen zu erkennen, welche die Immobilität stark erhöhen.

schiedenen Spannungen. Die gezeigten Karten wurden jeweils aus zwei einzelnen Aufnahmen zusammengesetzt, da die Insel während des ersten Messvorgangs aus dem Bereich heraus gedriftet ist. Eine kleine Region in der Mitte der Insel, nahe der Defektansammlung, ist bei $V = 0$ noch nicht vom Oberflächenzustand "erfasst". Hier liegt die Bandkante oberhalb der Fermienergie, so dass die Supraleitung in Abwesenheit des Oberflächenzustands untersucht werden kann.

Betrachtet man dI/dV-Kennlinien auf der Insel, so ist der typische Anstieg aufgrund des Oberflächenzustands im Leitwert erkennbar. Im oberen Teilbild der Abb. 4.36 liegt die Bandkante bei $V \approx -20\,\mathrm{mV}$. Durch den steilen Anstieg verdreifacht sich in etwa der Leitwert, wobei dieser anschließend mit zunehmender Tunnelspannung wieder leicht abnimmt. An der Fermienergie ist die durch den Proximity-Effekt induzierte Energielücke nur schwach ausgeprägt, da die Modulationsspannung des Lock-In-Verstärkers bei $V_{\mathrm{Osz}} = 1\,\mathrm{mV}$ ($f = 3.21\,\mathrm{kHz}$) lag. Im unteren Bild ist die Energielücke bei einer Modulationsspannung von $V_{\mathrm{Osz}} = 0.1\,\mathrm{mV}$ deutlich zu erkennen. Die Zustandsdichte bleibt auch bei der Fermienergie endlich und erreicht ein Minimum von 73% des auf $V = \pm 5\,\mathrm{mV}$ normierten Leitwerts. Diese Reduktion um 27% entspricht sehr genau dem Anteil der Volumenzustandsdichte. An der Fermienergie lässt sich ein Anteil der Zustandsdichte aufgrund des 2DEG von $\sim 70\%$ abschätzen, während sich 30% der gesamten Zustandsdichte auf die Volumenzustandsdichte zurückführen lassen. Hierdurch kann die Schlussfolgerung gezogen werden, dass bei dieser Insel #4 nur die Elektronen in den Volumenzuständen durch den

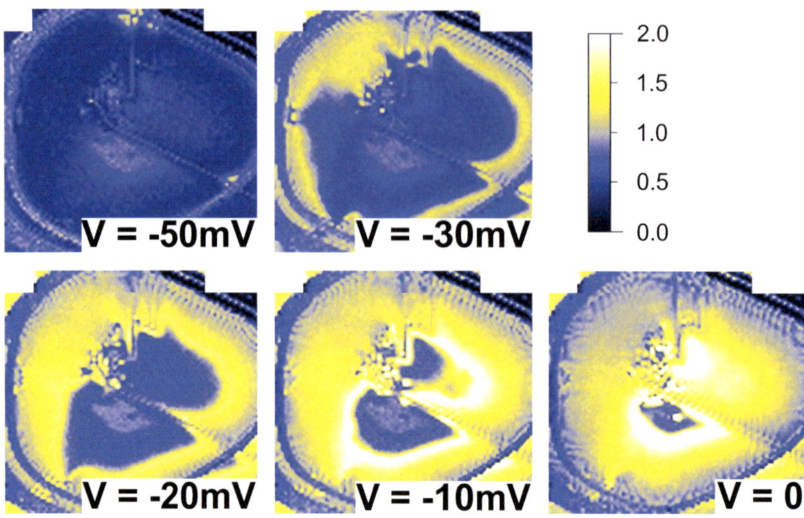

Abbildung 4.35: dI/dV-Karten (600×600 nm^2) der Ag-Insel #4 bei verschiedenen Tunnelspannungen. Diese wurden aus zwei Aufnahmen zusammengesetzt. Bei $V = 0$ findet sich eine kleine Region in der Mitte der Insel, in der die OFZ-Bandkante oberhalb der Fermienergie liegt.

Proximity-Effekt supraleitend werden und eine Energielücke ausbilden. Eine leichte Asymmetrie im Tunnelspektrum lässt sich auf die abnehmende Oberflächenzustandsdichte mit höherer Energie zurückführen (vgl. Abb. 4.36 oben). Dieses Tunnelspektrum erhält man für alle Regionen der Insel, an denen der Oberflächenzustand vorzufinden ist und bei denen die Bandkantenenergie unterhalb der Fermienergie liegt. Für jede Insel erhält man eine charakteristische Verteilung der Zustandsdichte an der Fermienergie in einen Volumen-Anteil und einen OFZ-Anteil. Bei dieser Insel liegt dies durchschnittlich bei etwa 32% (Vol.) bzw. 68% (OFZ).

Die Entwicklung der Energielücke entlang einer Linie auf der Ag-Insel #4, entlang derer sich die OFZ-Bandkante über die Fermienergie hinweg verschiebt, ist in Abb. 4.37 oben zu sehen. Je weiter der Oberflächenzustand zu höheren Energien verschoben wird, desto deutlicher kommt die Energielücke zum Vorschein. Wird der Anteil der Volumen-Zustandsdichte einschließlich der Energielücke abgezogen, erhält man die untere Abbildung. Hier verbleibt nur die Zustandsdichte des Oberflächenzustands. Es ist keine weitere Energielücke erkennbar, d.h. in der Oberflächenzu-

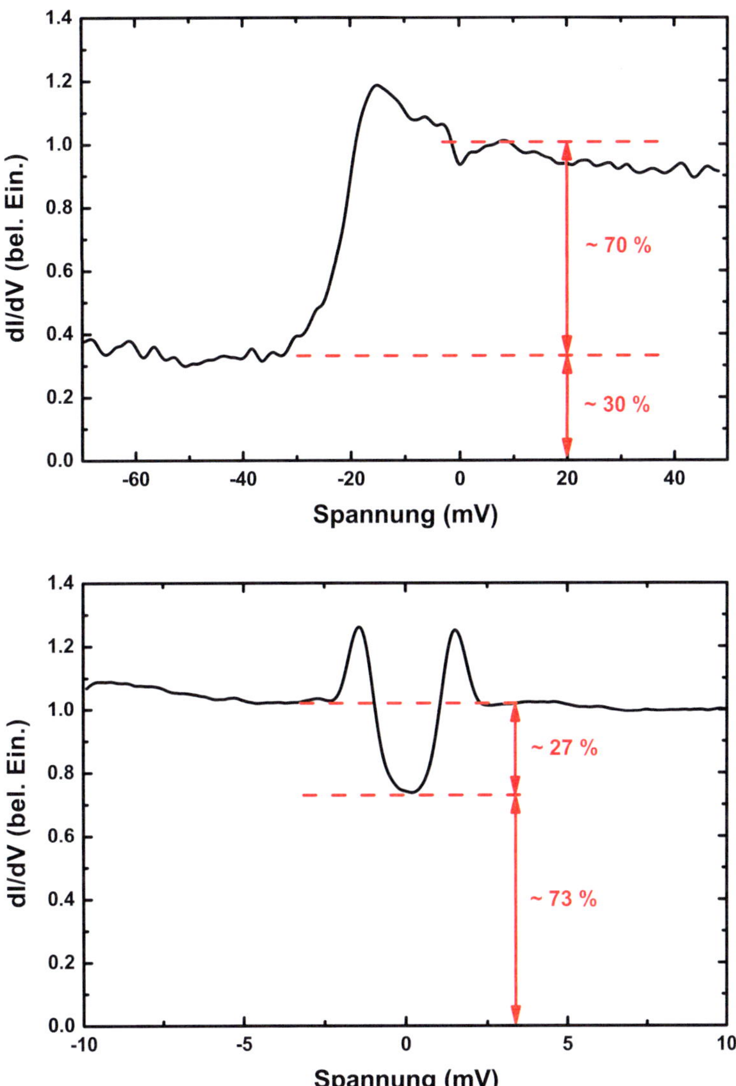

Abbildung 4.36: Tunnelspektrum auf der Ag-Insel #4. Im oberen Bild ist zu erkennen, dass die Bandkante bei etwa $V \approx -20\,\mathrm{mV}$ liegt. Die Energielücke an der Fermienergie ist aufgrund der Anregungsspannung des Lock-In Verstärkers ($V_{\mathrm{osz}} = 1\,\mathrm{mV}$) nur schwach sichtbar. Im unteren Bild ist eine Aufnahme im Bereich $V = \pm 10\,\mathrm{mV}$ gezeigt, in der die Energielücke bei einer Modulationsspannung des Lock-In Verstärkers von ($V_{\mathrm{osz}} = 0.1\,\mathrm{mV}$) deutlich sichtbar ist.

standsdichte wird keine Energielücke induziert. Auf die Überhöhung an der OFZ-Bandkante wird bei Insel #6 näher eingegangen.

Eine statistische Auswertung über ein größeres Areal der Insel #4 ist in Abb. 4.38 zu sehen. Hier ist ein geschlossenes Gebiet mit 82 Spektren ausgewertet worden. Für jedes einzelne Spektrum wurde die Position der OFZ-Bandkante bestimmt und die Tiefe der Energielücke an der Fermienergie, respektive der Anteil der Zustandsdichte der supraleitend wird, ausgemessen. Die Tiefe der Energielücke (Gapdepth) kann folgendermaßen formuliert werden:

$$\text{Gapdepth} = \frac{\mathrm{d}I/\mathrm{d}V(|V| \gtrsim e\Delta) - \mathrm{d}I/\mathrm{d}V(V = 0)}{\mathrm{d}I/\mathrm{d}V(|V| \gtrsim e\Delta)} . \tag{4.6}$$

Damit ergibt sich für jedes einzelne Spektrum ein Punkt in dieser Auftragung. Der mittlere Anteil der Zustandsdichte an der Fermienergie, welcher den Volumen-Elektronen entspringt, liegt bei etwa 32% und ist als rote horizontale Linie eingezeichnet. Die Energielücken haben mit durchschnittlich etwa 30% eine Tiefe, die diesem Wert sehr nahe kommt. Sobald die Bandkante des Oberflächenzustands, aufgrund der lokalen mechanischen Verspannung, über die Fermienergie hinweg verschoben ist, bildet sich die Energielücke vollständig aus. An der Fermienergie sind dann nur noch Elektronen aus Volumen-Zuständen vorzufinden, welche durch den Proximity-Effekt eine vollständig ausgebildete Energielücke aufweisen.

In Abb. 4.39 werden Tunnelspektren, welche neben der Ag-Insel auf Niob und auf der Insel gemessen wurden, miteinander verglichen. Bei diesen Messungen lag die Temperatur bei etwa $T = 0.9\,\text{K}$, wodurch die Spektren, im Vergleich zu den noch zu diskutierenden Inseln #5 und #6, etwas stärker verrundet sind. Alle Spektren sind auf den Leitwert bei $V = \pm 6\,\text{mV}$ normiert. Die graue Kurve zeigt eine Mittelung mehrerer Messungen neben der Ag-Insel, bei der Niob von wenigen (1-3) Monolagen Silber bedeckt ist. Sie lässt sich sehr gut mit den auf reinem Niob entstandenen Messungen vergleichen. Das bereits aus Abb. 4.36 bekannte Tunnelspektrum wird in Abb. 4.39 nochmals dargestellt (blaue durchgehende Kurve), jedoch wurde die Kurve bzgl. des Ursprungs symmetrisiert. Subtrahiert man eine $\mathrm{d}I/\mathrm{d}V = 0$ entsprechende konstante Zustandsdichte und normiert erneut auf den Leitwert bei $V = \pm 6\,\text{mV}$, so ergibt sich die blau gestrichelte Kurve. Diese fällt genau mit der Energielücke zusammen, welche sich für Orte ergibt, an denen die OFZ-Bandkante oberhalb der Fermienergie ($E_0 > E_\text{F}$; rote Kurve) liegt. Da hier ein einzelnes Spektrum

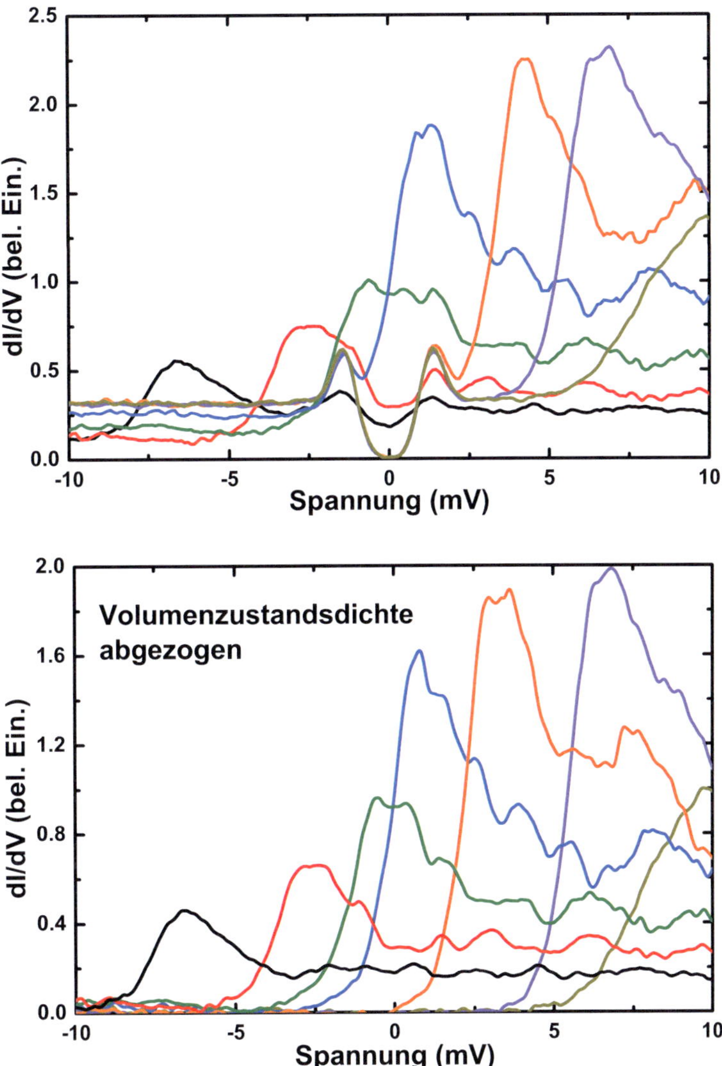

Abbildung 4.37: Im oberen Bild sind Tunnelspektren im Bereich $V = \pm 10\,\text{mV}$ zu sehen, welche die Entwicklung der Energielücke zeigen. Die OFZ-Bandkante wird über die Fermienergie hinweg verschoben, während die Energielücke zum Vorschein kommt. Im unteren Bild wurde die bulk-Zustandsdichte inklusive Energielücke abgezogen. Es verbleibt ausschließlich die Zustandsdichte des 2DEG, ohne jede weitere Signatur einer Energielücke.

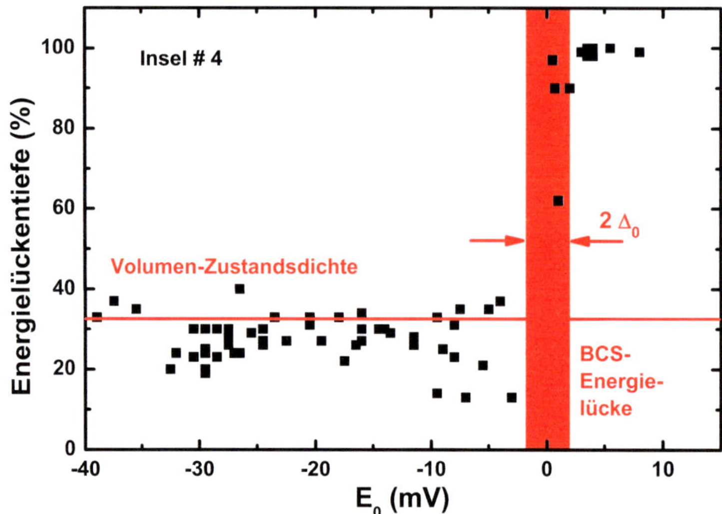

Abbildung 4.38: Statistik über ein geschlossenes Gebiet auf der Ag-Insel #4 mit 82 Spektren. Aus jedem einzelnen Spektrum wurde die OFZ-Bandkantenenergie E_0 und die Tiefe der Energielücke relativ zur Zustandsdichte an der Fermienergie bestimmt. Die Breite $2\Delta_0$ der BCS-Energielücke von Niob ist als rotes Band eingezeichnet.

und keine Mittelung mehrerer Spektren gezeigt ist, weist es ein deutlich größeres Rauschen auf. Die Übereinstimmung der blau gestrichelten und der roten Kurve zeigt abermals die Unabhängigkeit des zweidimensionalen Elektronengases von der Supraleitung der Volumen-Elektronen bei dieser Ag-Insel. Die Energielücke ist jedoch leicht geschmälert, verglichen mit der grauen, neben der Ag-Insel entstandenen Kurve. Die Ursache findet sich in der Modifikation der Energielücke aufgrund des Proximity-Effekts, wie in Kapitel 2.2 erläutert wurde.

Ein Grenzflächenparameter $\gamma_\mathrm{B} = R_\mathrm{Grenz}/\rho_\mathrm{N}\xi_\mathrm{N} > 0$ würde zu einer Reduktion der Energielücke und einer Veränderung der Form führen. Jedoch ist auf den flacheren Ag-Inseln #5 − 6 diese Reduktion in nur geringem Ausmaß bis gar nicht vorhanden. Außerdem würde γ_B unabhängig von der Inselhöhe zu einer Reduktion der Energielücke führen. Weiterhin zeigte die präparierte Nioboberfläche, bis auf eine niedrige Kohlenstoffkonzentration (siehe Kap. 4.1), keine Verunreinigungen und das Silberwachstum findet epitaktisch statt, so dass $R_\mathrm{Grenz} \to 0$ gelten sollte. Auch der Parameter $\gamma = \sigma_\mathrm{N}/\sigma_\mathrm{S} \cdot \sqrt{D_\mathrm{S}/D_\mathrm{N}}$ wäre unabhängig von der Inselhöhe und

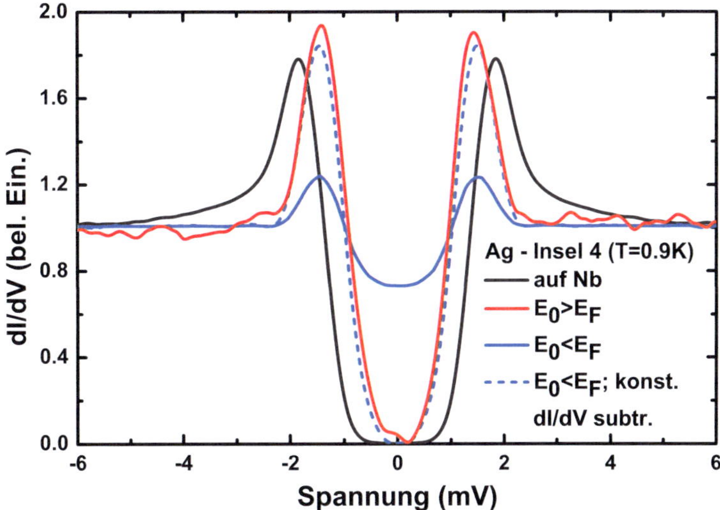

Abbildung 4.39: Tunnelspektren auf Ag-Insel #4 bei einer Temperatur von $T = 0.9\,\mathrm{K}$. Die graue Kurve wurde neben der Ag-Insel auf Nb gemessen. Das rote Tunnelspektrum zeigt eine Messung an einer Stelle, an der die OFZ-Dispersion oberhalb der Fermienergie liegt. Die blaue Linie zeigt die Energielücke, falls die OFZ-Bandkante unterhalb der Fermienergie liegt. Subtrahiert man die konstante Zustandsdichte erhält man die blau gestrichelte Kurve. Alle Tunnelspektren wurden auf den Wert bei $V = \pm 6\,\mathrm{mV}$ normiert.

damit nicht die wesentlichste Ursache. Eine mögliche Ursache ist die Dickenabhängigkeit

$$E_{\mathrm{gap}} = \Delta/(1 + \mathrm{c} \cdot d_{\mathrm{N}}/\xi_{\mathrm{N}}); \ \mathrm{c} \approx 0.8 \tag{4.7}$$

(siehe Kap. 2.2) im "dirty-limit", da es im ballistischen "clean-limit" ($d_{\mathrm{N}} \ll l$) nicht zur Ausbildung einer Energielücke käme. Schätzt man die Energielücke des Minigaps aus Abb. 4.39 ab, indem man die Maxima der Spektren auf Nb (graue Kurve) und auf der Ag-Insel (blau gestrichelte bzw. rote Kurve) in Relation setzt, so erhält man $E_{\mathrm{gap}} \approx 0.8\,\Delta$. Nutzt man die Abhängigkeit der Minigap-Energielücke aus Gl. 4.7, so ergibt sich ein Verhältnis $d_{\mathrm{N}}/\xi_{\mathrm{N}} = 40\,\mathrm{nm}/270\,\mathrm{nm}$. Aus $\xi_{\mathrm{N,dirty}} = (l_{\mathrm{N}}\xi_{\mathrm{N,clean}}/3)^{1/2}$ und $\xi_{\mathrm{N,clean}} = \hbar v_{\mathrm{F}}/k_{\mathrm{B}}T \approx 1600\,\mathrm{nm\,K}/T$ folgt unmittelbar eine mittlere freie Weglänge von $l_{\mathrm{N}} \approx 140\,\mathrm{nm}$. Diese ist etwas niedriger als die Höhe der Ag-Insel, weshalb in diesem Fall vielmehr ein mittleres Regime zwischen "dirty-limit" und "clean-limit" vorliegt. An aufgedampften dünnen Silberschichten konnten in Transportmessungen mittlere freie Weglängen im Bereich ~ 50 nm beobachtet werden [101]. Aufgrund der Präparation der Ag-Inseln, ist eine deutlich höhere mittlere freie Weglänge wahrscheinlich. Damit ist die Dickenabhängigkeit eine plausible Erklärung für die Verringerung der Minigap-Energielücke auf $E_{\mathrm{gap}} \approx 0.8\,\Delta$. Für eine genauere Analyse wären Anpassungen an die quasiklassische Theorie [29] erforderlich.

4.4.2 STM-Messungen an Insel 5

Die nächste Ag-Insel #5 (Abb. 4.40) besitzt eine sehr längliche und stark keilförmige Gestalt. Die Abmessungen betragen $1400 \times 300 \times (9-25)\,\mathrm{nm}^3$.

Diese Insel weist eine leichte Erhöhung an den Inselrändern auf. Diese sind, im Vergleich zu bisherigen Inseln, deutlich erhöht. Die FEM-Simulationen in Kapitel 4.3.3 zeigten bereits eine starke Erhöhung zu den Inselrändern hin. Die Erhöhung der Oberfläche ($\sim 1\,\text{Å}$ auf $\sim 300\,\mathrm{nm}$) ist in Abb. 4.41 rechts zu erkennen. Hier ist ein beispielhaftes Linienprofil der obersten Inselschicht quer über die Ag-Insel dargestellt. Weiterhin sind einige Unebenheiten am oberen Inselrand erkennbar. Eine $3-7\,\text{Å}$ hohe Erhebung liegt quer über der Insel im oberen Bereich. Diese befindet sich genau an einer leichten Einschnürung der Insel und kann als Hinweis für eine Nahtstelle beim Zusammenwachsen zweier, vorher separierter Inseln gedeutet werden.

Durch die mechanische Verspannung bei dieser Insel variiert die OFZ-Bandkantenenergie im Bereich $-20\,\mathrm{meV} < E_0 < 20\,\mathrm{meV}$. Abb. 4.42 zeigt $\mathrm{d}I/\mathrm{d}V$-Karten in diesem Energieintervall. Im Gegensatz zu den bisherigen Inseln liegt somit die tiefste, auf der Insel vorzufindende Bandkantenenergie mit $E_0 \approx -20\,\mathrm{meV}$ deutlich höher als die Bandkantenenergien der bisherigen Inseln. Die Randgebiete sind aufgrund der sehr länglichen Inselform lateral stärker eingeschränkt und daher deutlich höher mechanisch verspannt. Wie aus dem mittleren Bild bei $V = 0$ zu erkennen ist, liegt die OFZ-Bandkantenenergie für einen großen Teil der Insel oberhalb der Fermienergie. Aufnahmen höherer Auflösung, welche bei fester Tunnelspannung entstanden, sind in Abb. 4.43 zu sehen. Im linken Bild ist der innere Teil der Insel bei $V = 2\,\mathrm{mV}$ dargestellt, während die rechten Aufnahmen bei $V = 5\,\mathrm{mV}$ entstanden. Das obere rechte Bild zeigt die Topographie des oberen Inselbereichs, das untere die entsprechende $\mathrm{d}I/\mathrm{d}V$-Karte. Es sind zwei große Ansammlungen an Adsorbatatomen, erkennbar als ein-

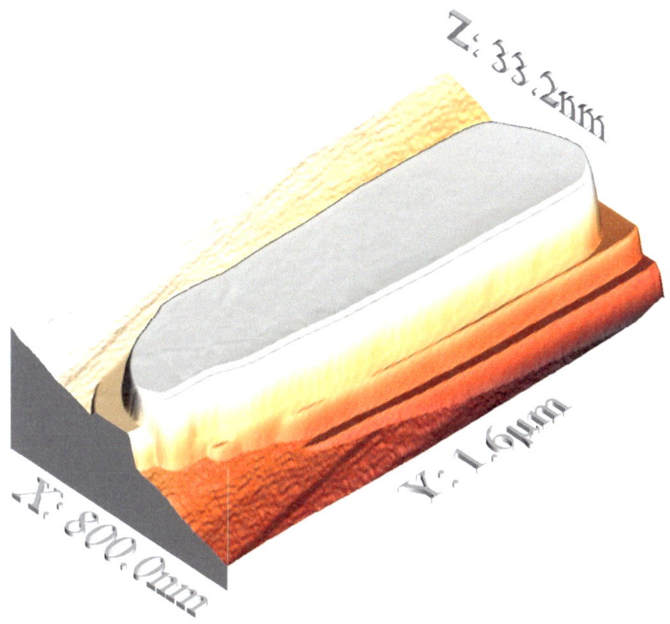

Abbildung 4.40: Ag-Insel #5 besitzt Abmessungen von etwa $1400 \times 300 \times (9-25)\,\mathrm{nm}^3$.

zelne Punkte, auf der Oberfläche zu sehen. Weitere finden sich verstreut über der Insel. Diese führen zu einem sehr komplexen Interferenzmuster, welches nur in den Gebieten mit der OFZ-Bandkantenenergie $E_0 < E_\mathrm{F}$ zu finden ist. Nur in diesem äußeren Rand der Insel findet man besetzte Oberflächenzustände, welche aufgrund der Reflexion an den Inselrändern und einzelnen Defekten Interferenzmuster entstehen lassen. Die bereits in Abb. 4.41 erkennbaren Erhebungen der Oberfläche, wovon eine als Nahtstelle zweier ursprünglich isolierter Inseln interpretiert wurde, sind ebenfalls deutlich in den Leitwertkarten zu erkennen.

In Abb. 4.44 ist die Entwicklung der Tunnelspektren entlang einer Linie auf der Ag-Insel, entlang derer die OFZ-Bandkante über die Fermienergie hinweg verschoben wird, zu sehen. Während für OFZ-Bandkantenergien unterhalb E_F die Energielücke unvollständig ausgebildet ist, geschieht dies in Gänze sobald die Bandkantenenergie über E_F liegt. Dies ist im linken Bild zu erkennen. Im rechten wurde die Volumen-Zustandsdichte inklusive Energielücke abgezogen, so dass die reine Oberflächenzustandsdichte

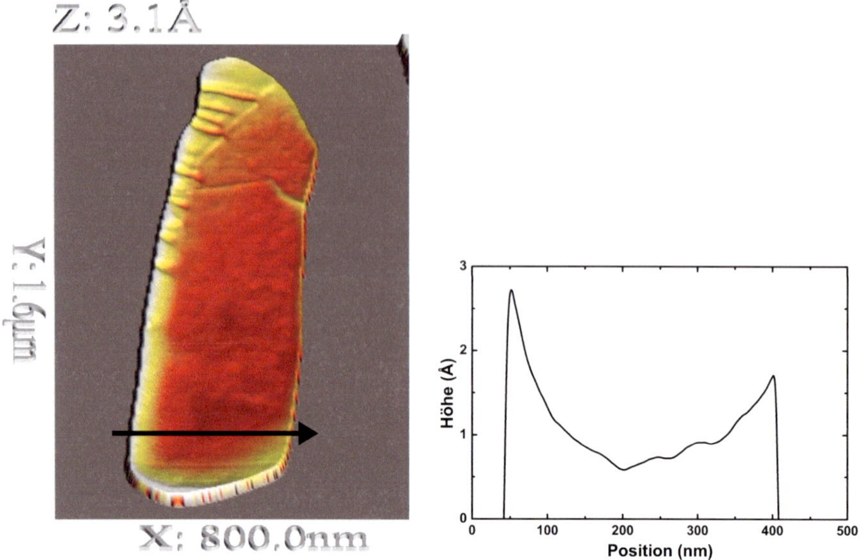

Abbildung 4.41: Das linke Bild zeigt einen Schnitt der obersten, 3.1 Å hohen Lage der Ag-Insel #5. Es sind leichte Erhöhungen zum Inselrand hin und einige Unebenheiten im oberen Bereich der Insel erkennbar. Im rechten Bild ist ein Linienprofil der obersten Schicht der Insel entlang der links dargestellten Linie gezeigt.

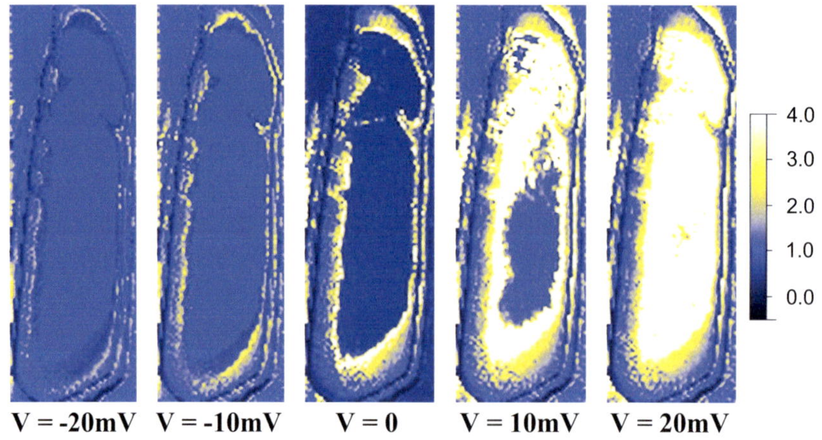

Abbildung 4.42: dI/dV-Karten ($500 \times 1500\ \mathrm{nm}^2$) der Ag-Insel #5 bei verschiedenen Tunnelspannungen. In einem großen inneren Areal der Insel liegt die OFZ-Bandkantenenergie oberhalb der Fermienergie; als innerer blauer Bereich im mittleren Bild bei $V = 0$ zu erkennen.

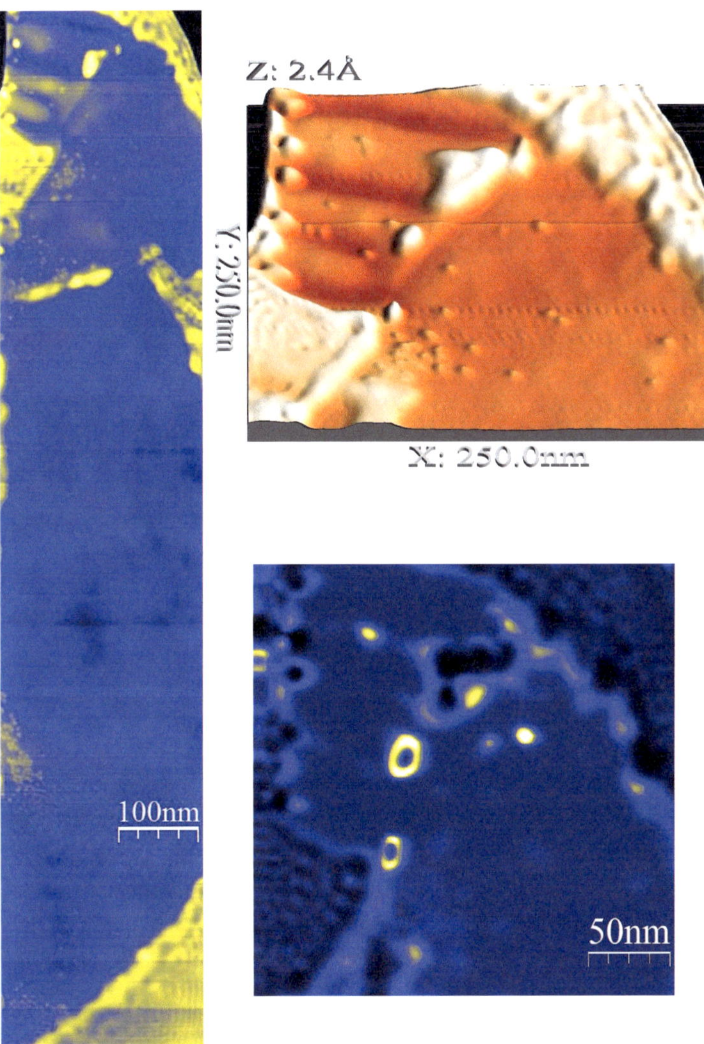

Abbildung 4.43: Das linke Bild zeigt die dI/dV-Karte des inneren Gebiets der Ag-Insel #5, welche bei $V = 2\,\mathrm{mV}$ entstand. Es sind im oberen und unteren Bereich der Karte Interferenzmuster der OFZ-Elektronen und Ansammlungen an Adsorbaten zu erkennen. Auf der rechten Seite sind zwei gemeinsam bei $V = 5\,\mathrm{mV}$ entstandene Aufnahmen des oberen Inselbereichs abgebildet. Das obere Bild zeigt die Topographie, während das untere die dI/dV-Karte darstellt.

verbleibt. Dieses Verhalten der vollständigen Ausbildung der Energielücke, sobald die Bandkantenenergie über E_F liegt, stimmt mit dem der Ag-Insel #4 (Abb. 4.37) überein.

Wie bereits bei Insel #4, wurde auch bei #5 eine Statistik über ein größeres Gebiet durchgeführt. Es wurden von 140 Spektren die OFZ-Bandkantenenergien und die verbleibenden Zustandsdichten in der Energielücke bestimmt. Die Auswertung zeigt Abb. 4.45. Die BCS-Energielückenbreite ($2\Delta_0$) findet sich als vertikales rotes Band und der Anteil der Volumen- von der Gesamt-Zustandsdichte als horizontale rote Linie. Die Energielücke bildet sich erst vollständig aus, wenn die OFZ-Bandkantenenergie über der Fermienergie liegt. Im Gegensatz zur vorherigen Ag-Insel #4 gibt es jedoch eine Streuung der Datenpunkte, insbesondere im Bereich $-17\,\text{meV} < E_0 < 0$. Es gibt deutlich ausgeprägtere Energielücken als die Volumen-Zustandsdichte erwarten lässt, jedoch auch weniger ausgeprägte. Der durchschnittliche Anteil der Zustandsdichte an der Fermienergie, der auf die Volumen-Elektronen entfällt, beträgt etwa 27 %.

Deutlich ausgeprägtere Minima innerhalb des proximity-induzierten Minigaps, als es die Volumen-Zustandsdichte erwarten lässt, sind in Abb. 4.46 gezeigt. Auf der linken Seite finden sich die Tunnelspektren des Spannungsintervalls $-50\,\text{meV} < V < 50\,\text{meV}$ und auf der rechten, in denselben Farben die dazugehörigen im Bereich $-10\,\text{meV} < V < 10\,\text{meV}$. Aufgrund des Volumen-Anteils der Zustandsdichte an der Fermienergie wäre ein Minimum von durchschnittlich 27% zu erwarten. Die Tiefe der Energielücken liegt jedoch im Bereich $40 - 80\%$. Zumeist finden sich Tunnelspektren, wie das dunkelgelbe mit einer deutlich ausgeprägten Energielücke und einzelnen Maxima, wie sie bereits von der Ag-Insel #4 bekannt sind. Bei dem hier gezeigten dunkelgelben Tunnelspektrum liegen die Maxima bei $V = \pm 1.1\,\text{meV}$, im Allgemeinen variieren diese jedoch zwischen $1.0\,\text{meV}$ und $1.6\,\text{meV}$. Weiterhin finden sich in Abb. 4.46 auch viele dI/dV-Kennlinien, welche mehrere Maxima aufweisen. Für dieses Verhalten werden weitere vier Tunnelspektren exemplarisch gezeigt. Deren äußere Maxima liegen bei Energien von etwa $V = \pm 1.65\,\text{meV}$ (violett gestrichelte Linien) und innere Maxima bei etwa $V = \pm 0.65\,\text{meV}$ (grau gestrichelte Linien). Es finden sich nur leichte Variationen in der Position von $\pm 0.1\,\text{meV}$, im Gegensatz zu den deutlich stärkeren Schwankungen der "einfach" ausgebildeten Energielücken, wie der des dunkelgelben Tunnelspektrums.

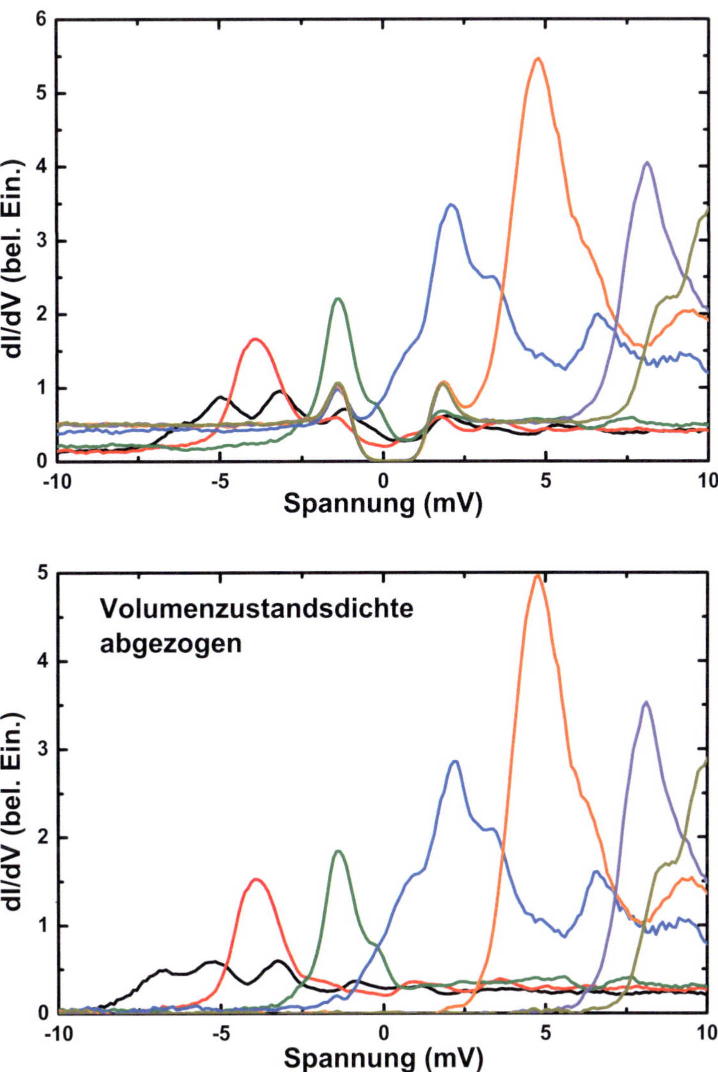

Abbildung 4.44: Im oberen Bild sind Tunnelspektren im Bereich $V = \pm 10$ mV zu sehen, welche die Entwicklung der Energielücke entlang einer Linie auf der Ag-Insel #5 zeigen. Während die OFZ-Bandkante über die Fermienergie hinweg verschoben wird, kommt die Energielücke zum Vorschein. Im unteren Bild wurde die bulk-Zustandsdichte inklusive Energielücke abgezogen.

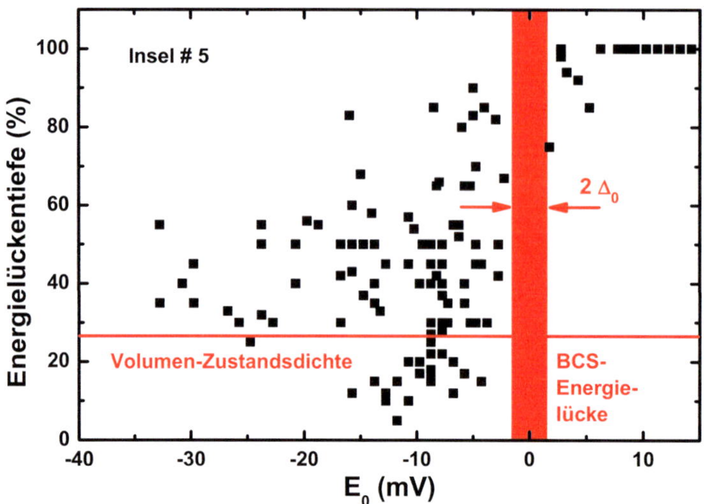

Abbildung 4.45: Statistik über ein geschlossenes Gebiet auf der Ag-Insel #4 mit 140 Spektren. Aus jedem einzelnen Spektrum wurde die OFZ-Bandkantenenergie und die Tiefe der Energielücke relativ zur Zustandsdichte an der Fermienergie bestimmt. Die Breite $2\Delta_0$ der BCS-Energielücke von Niob ist als breites rotes Band eingezeichnet. Weiterhin ist der Anteil der Volumen- von der Gesamt-Zustandsdichte markiert.

Resonanzen innerhalb der Energielücke wurden beispielsweise mit Hilfe von STM-Messungen von Escoffier et al. [102] beobachtet. Dabei wurden Nanostrukturen aus Niob als Supraleiter und Au als Normalmetall mit einem STM bei $T = 100\,\mathrm{mK}$ untersucht. Die innerhalb der Energielücke auftretenden Resonanzen wurden als gebundene Quasiteilchenzustände bzw. De-Gennes-St.-James-Zustände [25] identifiziert. Diese resultieren aus Andreev-Paaren, welche zwischen der S-N-Grenzfläche und der Inseloberfläche reflektiert werden und dadurch interferieren. Die Resonanzen treten immer paarweise bei der Energie E_k auf, wobei im einfachsten eindimensionalen Fall gelten muss [103]:

$$E_k L_\mathrm{n}^\mathrm{tot}/\hbar v_\mathrm{F} = k\pi + \arccos(E_k/\Delta)\,. \tag{4.8}$$

$L_\mathrm{n}^\mathrm{tot}$ ist der zurückgelegte Weg des interferierenden Andreev-Paars, v_F die Fermigeschwindigkeit und Δ die Energielücke des Supraleiters. Verwendet man für E_k die Energie der inneren Maxima $E_k = 0.6\,\mathrm{meV}$, die Fermigeschwindigkeit $v_\mathrm{F}^\mathrm{Ag} = 1.39 \cdot 10^6\,\mathrm{m/s}$, die Energielücke $\Delta_\mathrm{Nb} = 1.5\,\mathrm{meV}$ und geht von der niedrigsten Ordnung $k = 0$ aus, so erhält man $L_\mathrm{n}^\mathrm{tot}(k = 0) \approx$

1.76 µm. Dieser Wert liegt deutlich über der doppelten Höhe der Ag-Insel ($\sim 20 - 50\,\text{nm}$), die im ballistischen Fall erwartet wäre. Im diffusiven Fall wären andererseits keine Resonanzen erwartet. Dies widerspricht einer Interpretation als gebundener Andreev-Zustand.

Ob sich die zusätzlich auftretenden Maxima innerhalb der Energielücke auf die Supraleitung oder die Oberflächenzustände zurückführen lassen, wurde durch Messungen im Magnetfeld überprüft. Daher wurden Messungen im JT-STM stets im Magnetfeld wiederholt. In Abb. 4.47 finden sich die in Abb. 4.46 gezeigten Messungen mit einem Magnetfeld von $B = 700\,\text{mT}$ wieder. Dieselben Orte entsprechen in beiden Graphen derselben Farbe. Da es aufgrund des Magnetfelds zu einer Drift von einigen Nanometern kommt und das aufgenommene dI/dV-Gitter eine Auflösung von $10 \times 10\,\text{nm}^2$ besitzt, werden diese jedoch um $5 - 10\,\text{nm}$ auseinander liegen. Benachbarte Tunnelspektren unterscheiden sich jedoch nur in geringem Maße. Es lässt sich in den dI/dV-Kennlinien keine Energielücke mehr vorfinden. Somit sind die vierfachen Resonanzen aus Abb. 4.46 auf die Supraleitung zurückzuführen.

In kleineren Magnetfeldern ($B_{c,1} < B < B_{c,2}$) lässt sich an der Oberfläche ein Flussliniengitter beobachten. Aufgrund des Entmagnetsierungsfaktors von $N \approx 0.8$ geschieht dies ab einer Feldstärke von $B \approx 40\,\text{mT}$ (siehe Kap. 4.1). Abb. 4.48 (links) zeigt ein Flussliniengitter bei $B \approx 150\,\text{mT}$ und $T = 0.9\,\text{K}$, welches bei $V = 2\,\text{mV}$ mit Hilfe eines Lock-In-Verstärkers ($V_{osz} = 100\,\mu\text{V}; f = 3.21\,\text{kHz}$) aufgenommen wurde. Das Vortexgitter driftete während der Messung, erkennbar an abrupten Zeilensprüngen. Die hohe Intensität zwischen den Vortizes nimmt mit steigender Inselhöhe zum unteren Bereich des Bildes hin ab. Dies liegt auch daran, dass das Maximum der Quasiteilchenzustandsdichte mit steigender Höhe zu niedrigeren Energien verschoben wird, das Bild jedoch bei fester Tunnelspannung $V = 2\,\text{mV}$ aufgenommen wurde. Auf dem äußeren Rand der Ag-Insel mit geringer ausgeprägter Energielücke sind keine Flussschläuche zu erkennen. Das rechte Bild zeigt das sogenannte "Pinning" von Flussschläuchen nach Ausschalten des Magnetfeldes auf dem inneren Bereich der Ag-Insel. Bei $B \approx 150\,\text{mT}$ findet sich ein Vortex-Vortex-Abstand von $d_{V-V} \approx 135\,\text{nm}$ und im Falle des Pinnings $d_{V-V} \approx 105\,\text{nm}$. Aus dem Durchmesser eines Vortex lässt sich auf die Kohärenzlänge schließen [104, 105], wobei für gewöhnlich die normierte "zero bias conductance" $\sigma = [\text{d}I/\text{d}V(V = 0)]/[\text{d}I/\text{d}V(V \gg \Delta/e]$ eingeführt wird. Diese geht im normalleitenden Vortexkern gegen 1 und verschwindet ausserhalb des Vortex bei voll ausgebildeter Energielücke

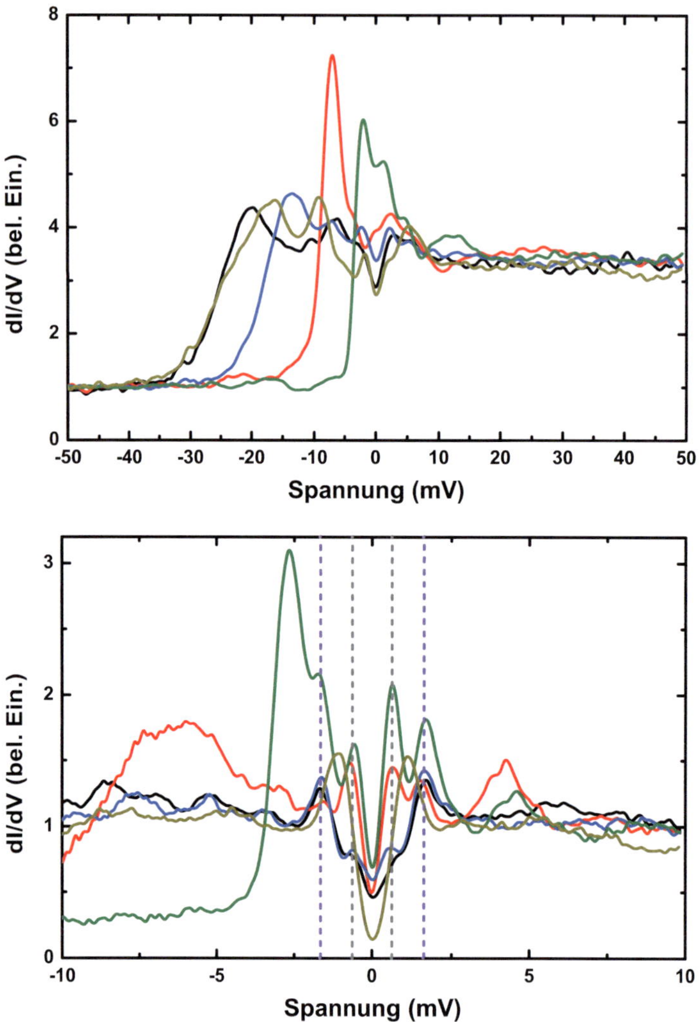

Abbildung 4.46: Im oberen Bild sind Tunnelspektren im Bereich $-50\,\text{meV} < V <$ $50\,\text{meV}$ einiger ausgewählter Orte der Ag-Insel #5 gezeigt. Die dazugehörigen Spektren im Spannungsintervall $-10\,\text{meV} < V < 10\,\text{meV}$ sind im unteren Bild in denselben Farben dargestellt. Die Minima sind deutlich ausgeprägter, als es die Zustandsdichte an der Fermienergie erwarten lässt. Es wird ein Tunnelspektrum mit einfachen Leitwertmaxima und vier weitere mit doppelten Maxima gezeigt. Außer den Leitwertmaxima, die aufgrund der proximity-induzierten Energielücke bei etwa $\pm 1.65\,\text{meV}$ erwartet werden (violett gestrichelte Linien), finden sich weitere bei $\pm(0.65 \pm 0.1)\,\text{meV}$ (grau gestrichelte Linien).

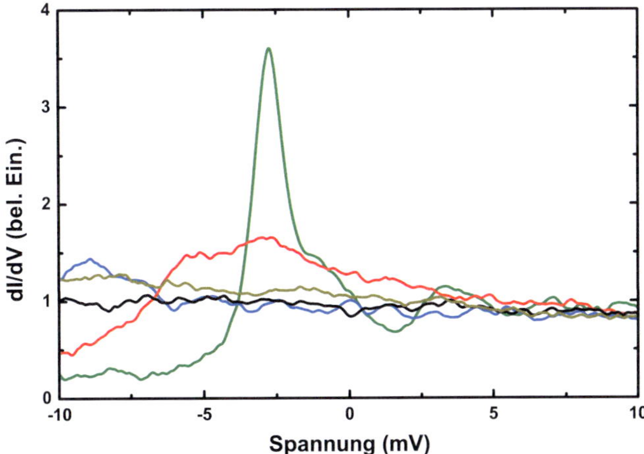

Abbildung 4.47: Tunnelspektren aus 4.46 in einem Magnetfeld von $B = 700\,\mathrm{mT}$ am gleichen Ort, wie im Nullfeld (vgl. Abb. 4.46). Es ist keine Energielücke mehr erkennbar. Aufgrund des Oberflächenzustands verbleibt eine leicht linear abfallende Zustandsdichte in diesem Energieintervall bzw. es ist der Anstieg der Oberflächenzustandsdichte erkennbar.

auf einer Längenskala ξ_{GL}: $\sigma(r) = 1 - \tanh(r/\xi_{GL})$. Hierdurch lässt sich eine Ginzburg-Landau-Kohärenzlänge von $\xi_{GL} \approx 50 \pm 5\,\mathrm{nm}$ auf der Ag-Insel und $\xi_{GL} \approx 45 \pm 5\,\mathrm{nm}$ auf dem benachbarten Nb abschätzen. Erste steht jedoch in Widerspruch zu der Abschätzung der Kohärenzlänge aufgrund der Minigap-Energielücke für Ag ($\xi_N = 270\,\mathrm{nm}$), letztere ist in guter Übereinstimmung mit der BCS-Kohärenzlänge von Niob ($\xi \approx 40\,\mathrm{nm}$). Abb. 4.49 zeigt Detailaufnahmen einzelner Vortizes auf der Ag-Insel #5 (links) und auf dem Nb-Substrat mit $\sim 2\,\mathrm{ML}$ Ag (rechts). Die raue Oberfläche auf dem Substrat führt zu einer ungleichmäßigeren Struktur der Vortizes.

4.4.3 STM-Messungen an Insel 6

Diese Insel besitzt näherungsweise die Abmessungen $350 \times 250 \times (4 - 12)\,\mathrm{nm}^3$ und ist in Abb. 4.50 zu sehen. Sie ist die kleinste und insbesondere die niedrigste der im JT-STM untersuchten Ag-Inseln. Es finden sich keinerlei Defekte an der Inseloberfläche. Diese ist atomar flach und zeigt nur geringe Schwankungen in der Höhe $< 15\,\mathrm{pm}$ über die gesamte Insel hinweg.

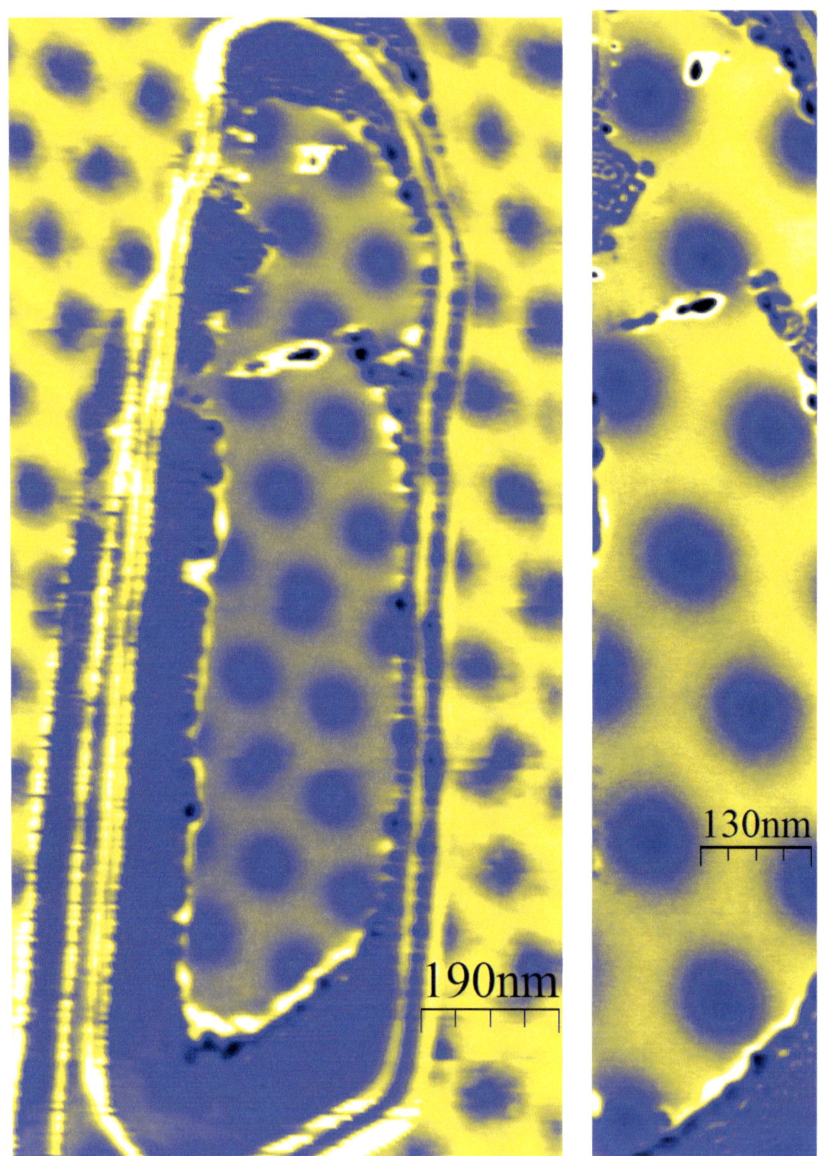

Abbildung 4.48: Insel #5. Im linken Bild ist die Aufnahme eines Flussliniengitters bei $B \approx 150\,\mathrm{mT}$ gezeigt, welche bei $T = 0.9\,\mathrm{K}$ und $V = 2\,\mathrm{mV}$ mit Hilfe eines Lock-In-Verstärkers ($V_{osz} = 100\,\mu\mathrm{V}; f = 3.21\,\mathrm{kHz}$) aufgenommen wurde. Das rechte Bild zeigt ein Flussliniengitter nach Abschalten des äußeren Magnetfeldes mit den verbliebenen Flusslinien im inneren Bereich der Ag-Insel.

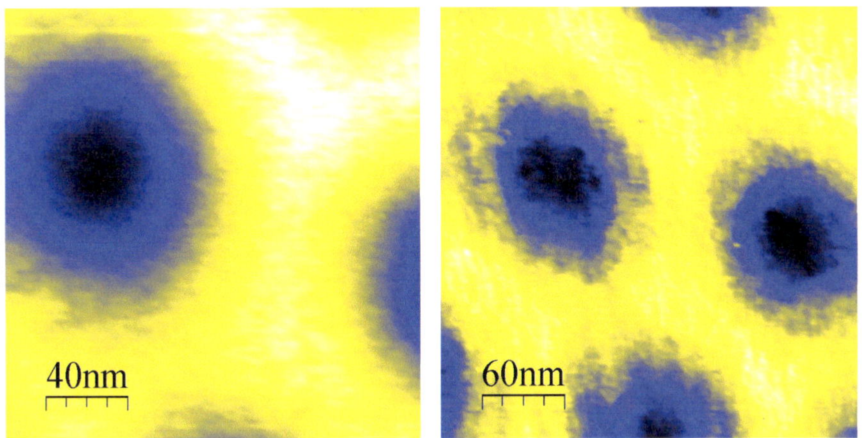

Abbildung 4.49: Die Bilder zeigen den Vergleich einzelner Flusslinien auf der Ag-Insel #5 (links) und neben der Insel auf Nb mit ~ 2 ML Ag (rechts).

Abbildung 4.50: Ag-Insel #6 besitzt Abmessungen von etwa $350 \times 250 \times (4 - 12)\,\text{nm}^3$ und ist damit die niedrigste der im JT-STM untersuchten Inseln.

Die OFZ-Bandkantenenergien liegen bei dieser Insel im Bereich -55 meV $< E_0 < 2$ meV, siehe Abb. 4.51. In den Bildern ist zu erkennen, dass bei niedriger Tunnelspannung $V = -40$ mV die OFZ-Bandkante vom Inselrand aus nach innen zur Inselmitte zu wandern beginnt. Bei $V = -20$ mV erkennt man einen scharf abgegrenzten hellen Ring, welcher bei einer Tunnelspannung von $V = -10$ mV unregelmäßig wird. Eine Tunnelspannung von $V = -5$ mV bzw. 0 lässt nur noch eine äußerst inhomogene Struktur erkennen. Die dI/dV-Karte bei $V = 10$ mV zeigt besetzte Oberflächenzustände über die gesamte Ag-Insel hinweg.

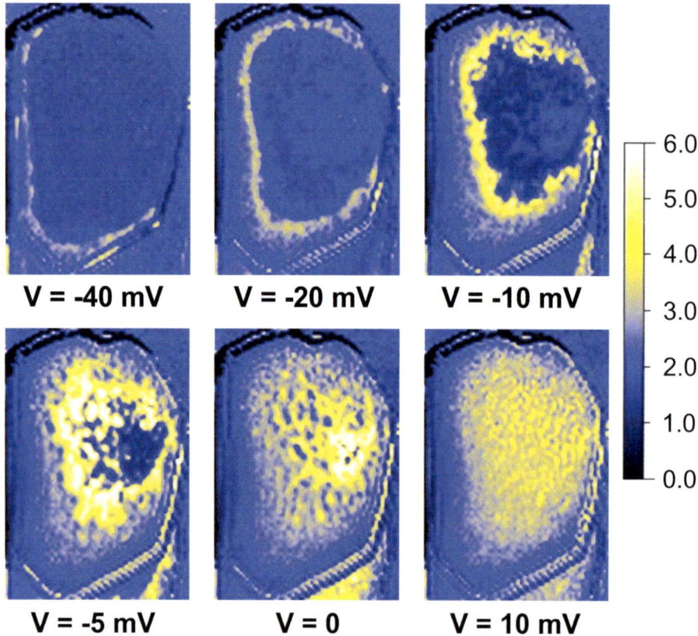

Abbildung 4.51: dI/dV-Karten ($240{\times}340$ nm^2) der Ag-Insel #6 bei verschiedenen Tunnelspannungen. Die OFZ-Bandkantenenergien variieren im Bereich -55 meV $< E_0 < 5$ meV.

Es wurden auch dI/dV-Karten höherer Auflösung bei fester Tunnelspannung $V = 1.5$ mV mit und ohne Magnetfeld aufgenommen. Diese sind in Abb. 4.52 zu sehen. Auf der linken Seite ist die Aufnahme bei $B = 0$ und auf der rechten Seite bei $B \approx 700$ mT zu sehen. Im äußeren Randbereich sind stehende Wellen variabler Wellenlänge in beiden

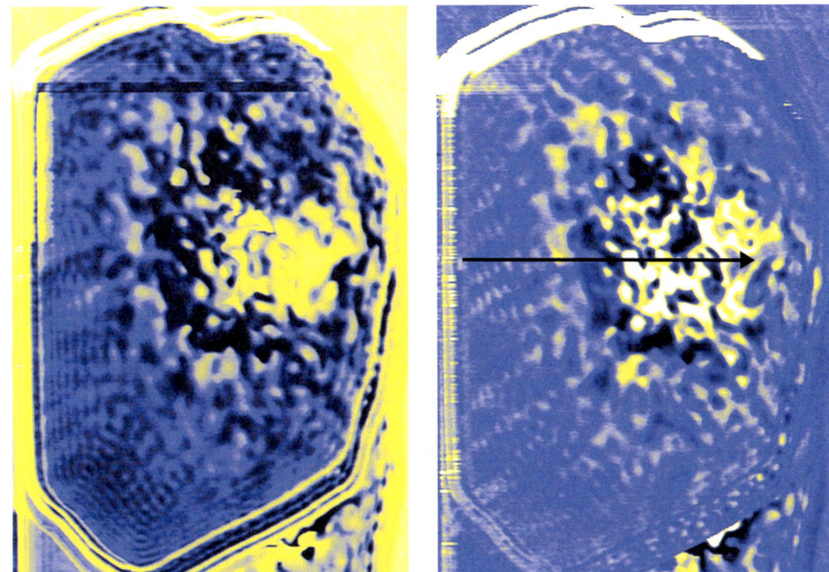

Abbildung 4.52: dI/dV-Karten der Ag-Insel #6 ($240 \times 340\,\mathrm{nm}^2$) bei $V = 1.5\,\mathrm{mV}$ und $B = 0$ (links) bzw. $B \approx 700\,\mathrm{mT}$ (rechts). Tunnelspektren entlang der dargestellten Linie sind in Abb. 4.53 gezeigt.

Bildern schwach erkennbar. Der wesentliche Unterschied liegt im mittleren diffusen Bereich. In dieser Gegend liegt die OFZ-Bandkante nahe der Fermienergie $-10\,\mathrm{meV} < E_0 < 2\,\mathrm{meV}$. Tunnelspektren im Bereich $-80\,\mathrm{meV} < V < 50\,\mathrm{meV}$ zeigen ein von den bisherigen Messungen deutlich unterscheidbares Verhalten. In Abb. 4.53 sind Spektren entlang der in Abb. 4.52 gezeigten Pfeilrichtung zu sehen. Dabei wurde zur Unterdrückung der Supraleitung ein Magnetfeld von $B \approx 700\,\mathrm{mT}$ angelegt. Die schwarze Kurve zeigt eine Messung nahe des Inselrands, zu Anfang des Pfeils. Anstatt einer konstanten Zustandsdichte mit einem stufenförmigen Anstieg und danach weiterhin konstantem Verlauf, ist ein stetiger Anstieg und ein ausgeprägtes lokales Maximum bei etwa $-38\,\mathrm{mV}$ zu erkennen. Der Leitwert nimmt von $V = -80\,\mathrm{mV}$ bis $V = 50\,\mathrm{mV}$ um etwa 60% zu. Die rote Linie wurde etwa 30 nm vom Inselrand entfernt aufgenommen und zeigt einen ähnlichen Verlauf. Jedoch steigt der Leitwert über den gesamten Spannungsbereich um etwa 130% an. Mit immer größerer Entfernung vom linken Inselrand nimmt auch die Stufenausprägung des Leitwerts immer deutlicher zu. Die Maxima werden höher und die Anstiegsflanken steiler. Davor und dahinter findet man jedoch kleinere Resonanzen, sobald die OFZ-Bandkante in die Nähe der Fermienergie kommt. Im Inset des Graphen ist ein Tunnelspektrum eines größeren Spannungsbereichs $-100\,\text{meV} < V < 100\,\text{meV}$ gezeigt, welches im mittleren Bereich der Insel entstanden ist. Es ist zu erkennen, dass für größere bzw. kleinere Tunnelspannungen der Leitwert nahezu konstant wird. Ein Anstieg lässt sich jedoch nahe vor und hinter der OFZ-Bandkante beobachten. Diese Anstiege dominieren in Spektren nahe des Inselrands (schwarze und rote Kurve) das Verhalten im Spannungsintervall $V = -80\,\text{mV}$ bis $V = 50\,\text{mV}$.

Die deutliche Resonanz an der OFZ-Bandkante kann bei vielen Inseln in unterschiedlicher Ausprägung beobachtet werden. Mit zunehmender Verschiebung der OFZ-Bandkante zu höheren Energien bis zur Fermi-Energie nimmt diese Resonanz grundsätzlich in Stärke zu. Dies ist auch bei den zuvor gezeigten Inseln beispielsweise in den Abbildungen 4.37 und 4.44 in unterschiedlichem Ausmaße zu erkennen. Abb. 4.46 zeigt einen größeren Spannungsintervall für Insel #5 mit zunehmender Resonanz, sobald sich die OFZ-Bandkante der Fermi-Energie nähert. Steigt die Bandkantenenergie über die Fermi-Energie, so kommt es typischerweise zu einem erneuten Abnehmen. Dieses Verhalten scheint jedoch nicht von der STM-Spitze abzuhängen. Wird diese einige Nanometer tief in eine benachbarte Silberinsel getaucht, wird dennoch dasselbe Verhalten beobachtet. Weiterhin zeigen viele Ag-Inseln keine derartigen Resonanzen, unabhängig von der Position des Oberflächenzustands. Grundsätzlich wären Resonanzen vorstellbar, welche aufgrund der Einschränkung des zweidimensionalen freien Elektronengases auf eine endliche laterale Ausdehnung auftreten, wie es für freie Teilchen in einem Kasten erwartet würde. Jedoch sind nur selten weitere Resonanzen bei höheren Energien erkennbar. Auch sollten diese nicht ausschließlich dann auftreten, falls die Bandkantenenergie in die Nähe der Fermi-Energie verschoben ist. Ein Auftreten einer Resonanz genau an der OFZ-Bandkante wurde auf Ag(111)-Oberflächen beobachtet, bei denen es zu einer Spin-Bahn-Aufspaltung durch Aufbringen einer Submonolagen-Schicht von Bismuth [106, 107] kommt. Die hier vorliegenden Ag-Inseln weisen hingegen ausschließlich am Interface eine geringe Konzentration an Kohlenstoff auf, welches keine Mischung mit Silber eingeht. Eine geringe Diffusion von Sauerstoff vom Substrat in die Inseln beim Heizen während der Herstellung kann nicht ausgeschlossen werden, stellt aber, genauso wie Kohlenstoff, keine bekannte Ursache für eine Spin-Bahnaufspaltung dar.

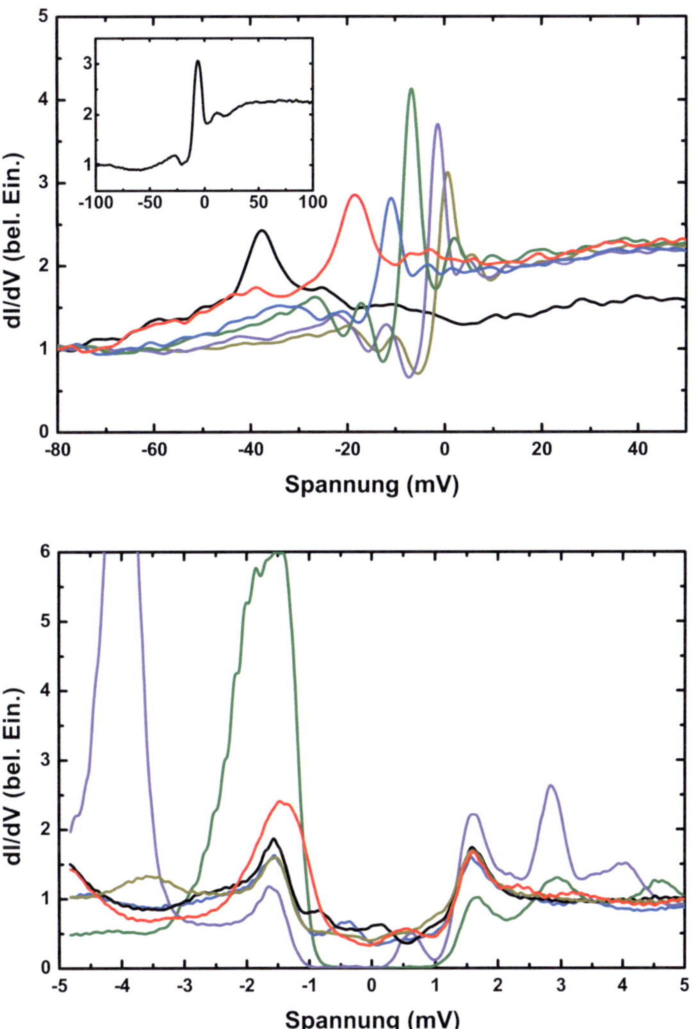

Abbildung 4.53: Die Tunnelspektren im oberen Bild entstanden entlang der in Abb. 4.52 gezeigten Linie in einem Magnetfeld von $B \approx 700\,\mathrm{mT}$ und zeigen deutliche Unterschiede zu bisherigen Spektren. Im Inset ist eine Messung eines größeren Spannungsbereichs $-100\,\mathrm{meV} < V < 100\,\mathrm{meV}$ enthalten, welche im Inselinneren entstand. Unten sind die dazugehörigen Messungen im Bereich der Fermienergie ohne äußeres Magnetfeld dargestellt.

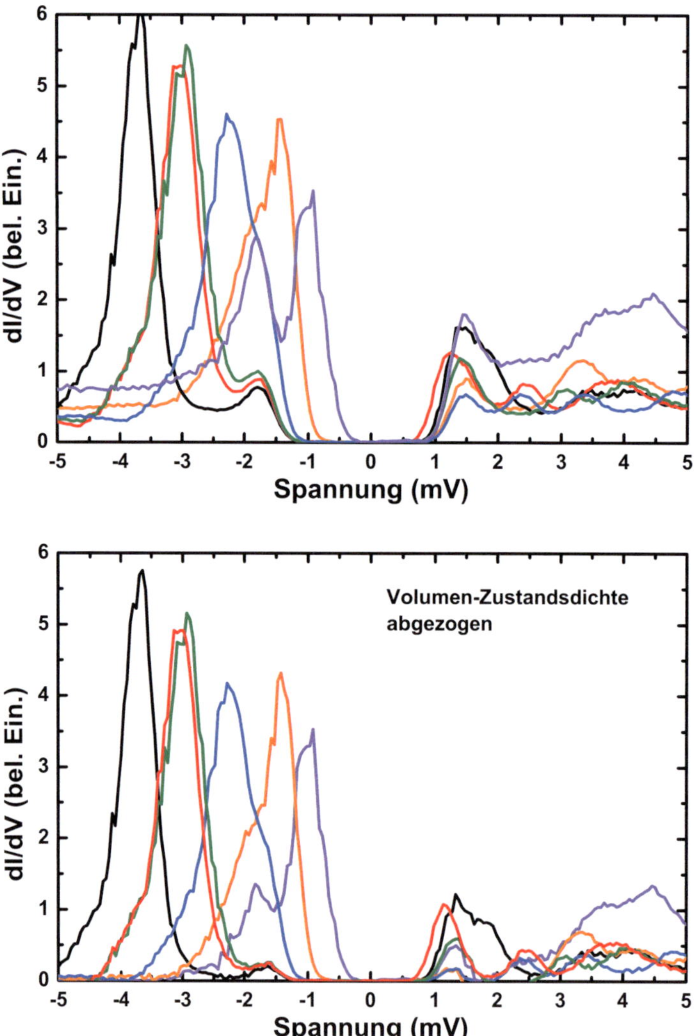

Abbildung 4.54: Falls die OFZ-Bandkante nahe der Fermienergie liegt, ist stets eine voll ausgebildete Energielücke vorhanden. Diese ist nicht nur in der gemessenen dI/dV-Kennlinie (oben) zu sehen, sondern auch wenn die bulk-Zustandsdichte inklusive der dazugehörigen Energielücke subtrahiert wird (unten).

Betrachtet man an denselben Stellen, die für den Graphen 4.53 oben genutzt wurden, die Tunnelspektroskopie im Intervall $-5\,\text{meV} < V < 5\,\text{meV}$ so zeigt sich die auf der rechten Abbildungsseite dargestellte Energielückenentwicklung. Dieselben Orte wurden durch dieselben Farben dargestellt. Für die dI/dV-Kennlinien in Violett und Grün sind die OFZ-Bandkanten im Graphen zu sehen, für die anderen Kennlinien liegen diese bei niedrigeren Tunnelspannungen. Die Zustandsdichten in den Energielücken gehen, in Übereinstimmung mit dem Anteil der Volumen-Zustandsdichte an der Fermienergie, auf ein Minimum von etwa 47%. Jedoch ist eine vollständig ausgebildete Energielücke für das violette und grüne Tunnelspektrum zu sehen. Hier geht der Leitwert im Bereich der Energielücke über einen breiten Spannungsbereich gegen Null. Für die violette Linie ist ein kleines Maximum in der Energielücke erkennbar, während bei der grünen Kurve das Maximum der OFZ-Bandkante in den Bereich der Energielücke "hinein wandert".

Dieses Verhalten, dass die Energielücke vollständig ausgebildet wird, sobald die OFZ-Bandkante der Fermienergie nahe kommt, lässt sich in der Abb. 4.54 gut erkennen. Hier sind erneut Tunnelspektren (im oberen Bild) entlang einer Linie dargestellt, wobei für alle Spektren die OFZ-Bandkante im dargestellten Tunnelbereich liegt. Ohne Ausnahme weist die Quasiteilchenzustandsdichte eine vollständig ausgebildete Energielücke auf, wobei erneut das Leitwertmaximum die Energielücken verringert. Wird vom Leitwert der Anteil der Volumen-Zustandsdichte inklusive Energielücke subtrahiert, erhält man den unten abgebildeten Graphen. Es sollte der Anstieg aufgrund der Oberflächenzustandsdichte ohne jegliche Energielücke verbleiben. Indessen ist immer noch eine deutliche Energielücke erkennbar. Für einen größeren Bereich der Ag-Insel #6 wurde erneut eine statistische Auswertung, wie bereits bei den Inseln #4 und #5, durchgeführt.

Abb. 4.55 zeigt die Auswertung von 150 Spektren aus einem geschlossenen Gebiet. Befindet sich die OFZ-Bandkante deutlich unterhalb der Fermienergie ($-40\,\text{meV} < E_0 < -15\,\text{meV}$), so zeigt sich eine Ausbildung der Energielücke, wie sie aufgrund der Volumen-Zustandsdichte erwartet wird. Der Anteil der Volumen-Zustandsdichte an der Fermienergie lässt sich auf durchschnittlich etwa 47% schätzen. Liegt die OFZ-Bandkantenenergie im Bereich $-15\,\text{meV} < E_0 < -6\,\text{meV}$, beginnt sich die Energielücke deutlich tiefer auszubilden. Bei $-6\,\text{meV} < E_0$ findet man eine nahezu ausnahmslos vollständig ausgebildete Energielücke vor. Damit bildet sich für diese Insel

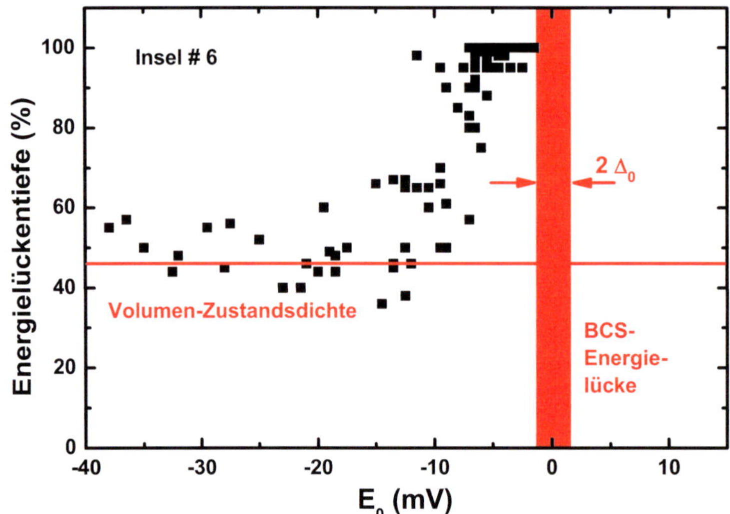

Abbildung 4.55: Statistik über ein geschlossenes Gebiet auf der Ag-Insel #6 mit 150 Spektren. Aus jedem einzelnen Spektrum wurde die OFZ-Bandkantenenergie und die Tiefe der Energielücke relativ zur Zustandsdichte an der Fermienergie bestimmt. Die Breite $2\Delta_0$ der BCS-Energielücke von Niob ist als breites rotes Band eingezeichnet. Weiterhin ist der Anteil der bulk- von der Gesamt-Zustandsdichte markiert.

auch in der Oberflächenzustandsdichte eine Energielücke aus, sobald die OFZ-Bandkante im Bereich $E_0 \lesssim 6\,\mathrm{meV}$ liegt. Dieser Abstand von $6\,\mathrm{meV}$ ist deutlich größer als die Energielücke $\Delta_0 = 1.5\,\mathrm{meV}$.

Die Bereiche mit vollständig ausgebildeter Energielücke können durch dI/dV-Karten bei kleinen Tunnelspannungen identifiziert werden. Abb. 4.56 zeigt Karten im Tunnelspannungsintervall $-4.7\,\mathrm{mV} < V < 5.3\,\mathrm{mV}$. Diese enstanden mit einer Anregungsspannung $V_{\mathrm{osz}} = 80\,\mu\mathrm{V}$ bei $f = 2.87\,\mathrm{kHz}$ und $T = 0.7\,\mathrm{K}$. Insbesondere für die Tunnelspannungen $V = -0.7\,\mathrm{mV}$ und $V = 0.3\,\mathrm{mV}$, welche innerhalb der Energielücke liegen (siehe Abb. 4.54), lassen sich diese als dunkle Regionen erkennen. Dazu gehört der äußere Bereich des nur mit wenigen Monolagen Silber benetzten Niob, als auch die Kanten der Ag-Insel, auf denen kein Oberflächenzustand existiert. In der Mitte der Insel findet sich erneut ein weitläufiger diffuser Bereich, in welchem die supraleitende Energielücke deutlich ausgebildet ist.

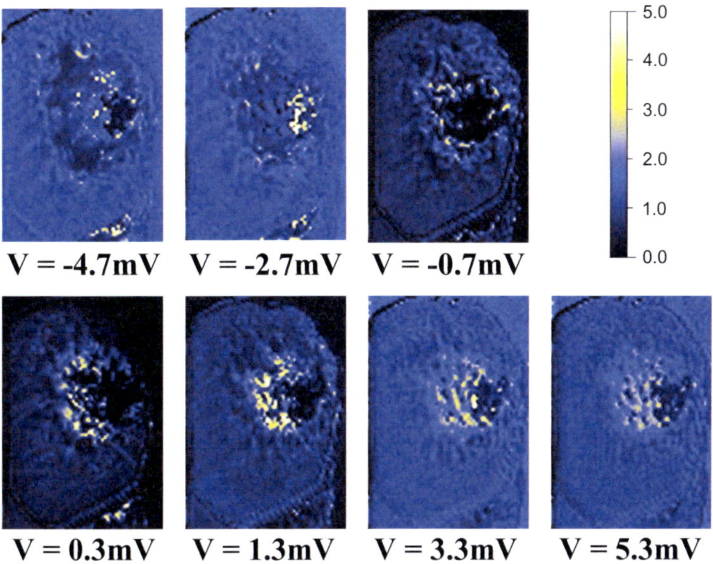

Abbildung 4.56: dI/dV-Karten bei geringen Tunnelspannungen $-4.7\,\mathrm{mV} < V <$ $5.3\,\mathrm{mV}$. Bei den Spannungen $V = -0.7\,\mathrm{mV}$ und $V = 0.3\,\mathrm{mV}$ sind die Regionen mit vollständig ausgebildeter Energielücke als dunkle Bereiche erkennbar.

4.4.4 Fazit - Supraleitung auf Ag-Inseln

Eine Übersicht der Statistiken zu den induzierten Energielücken der Ag-Inseln #4 − 6 wird in Abb. 4.57 gezeigt. Während für Insel #4 eine voll ausgebildete Energielücke erst nach Durchschreiten der Fermie-Energie durch die OFZ-Bandkante auftritt, tritt dies bei Insel #5 und #6 bereits früher auf. Der leicht grün schraffierte Bereich zeigt die Supraleitung der Volumenelektronen, die sich für $E_0 < E_F$ nur in einem Teil der Zustandsdichte an der Fermi-Energie ausbildet. Für den umgekehrten Fall $E_0 > E_F$ wird daher eine Ausbildung der Supraleitung für die gesamte Zustandsdichte an E_F erwartet. Insel #5 zeigt jedoch starke Fluktuationen in der Ausbildung der Energielückentiefe. Es scheint ein größerer Anteil der Zustandsdichte zur Supraleitung beizutragen, als es die Volumenzustandsdichte erwarten lassen würde. Insbesondere im Bereich nahe der Fermi-Energie ($|E_F − E_0| \lesssim 15\,\mathrm{meV}$) zeigen sich deutliche Schwankungen in der Energielückenausbildung. Dieser Bereich ist in der Grafik blau hinterlegt. Insel #6 weist in der Energielückenausbildung weniger

Fluktuationen auf. Sobald die OFZ-Bandkante der Fermi-Energie nahe kommt ($|E_\mathrm{F} - E_0| \lesssim 15\,\mathrm{meV}$), werden auch deutlich größere Werte als die Volumenzustandsdichte erwarten lässt, beobachtet. Ab einer Differenz $|E_\mathrm{F} - E_0| \lesssim 6\,\mathrm{meV}$ kommt es zu einer vollständigen Ausbildung. Dieser Bereich wurde ebenfalls blau hinterlegt. Dies weist auf eine durch den Proximity-Effekt in den Oberflächenzuständen induzierte Supraleitung hin.

Das deutlichste Unterscheidungsmerkmal der Inseln #4 − 6 ist deren Variation in der Höhe. Während für die höchste Insel #4 mit 38 − 45 nm nur Volumenzustände supraleitend werden, zeigt Insel #5 mit 9 − 25 nm starke Schwankungen und Insel #6 mit 4 − 12 nm eine vollständig ausgebildete Energielücke bei OFZ-Bandkantenenergien nahe der Fermi-Energie. Die lateralen Dimensionen der Inseln sind von vergleichbarer Größe. Wesentlich für die Ausbildung der Supraleitung im zweidimensionalen Elektronengas des OFZ, scheint die Nähe der OFZ-Bandkante zur Fermi-Energie zu sein, wie an den Inseln #5 und #6 erkennbar ist. Insbesondere zeigt die niedrigste Insel #6 eine vollständig ausgebildete Energielücke nicht an der flachsten Stelle der Insel, sondern näher am Zentrum. Nur an dieser Stelle scheint die OFZ-Bandkante nahe genug an der Fermi-Energie zu sein. Aufgrund der endlichen Eindringtiefe von 2.8 nm könnte eine Hybridisierung zwischen Oberflächen- und Volumenzuständen bei der flachsten Insel #6 vermutet werden. Auch hiergegen spricht, dass die in den Oberflächenzuständen induzierte Supraleitung nicht an der flachsten Stelle auftritt.

Für unendlich ausgedehnte Ag(111)-Oberflächen gäbe es keine Wechselwirkung zwischen Oberflächenzuständen und Volumenzuständen. Eine Streuung zwischen diesen findet jedoch an Defekten statt. Diese umfassen die Inselränder, welche stets vorhanden sind, sowie Stufen und Versetzungen, aber auch Adsorbate an der Oberfläche. Die durch den Proximity-Effekt hervorgerufene Supraleitung im zweidimensionalen Elektronengas der Oberflächenzustände, muss über eine derartige Streuung induziert werden. Dadurch sollten sich Unterschiede in der OFZ-induzierten Supraleitung hinsichtlich der Defektkonzentration finden lassen. Insbesondere eine flache, lateral weit ausgedehnte und defektfreie Insel, sollte, aufgrund des dadurch sehr geringen Defektanteils, eine Modifikation der Supraleitung aufweisen. Diese Abhängigkeiten im Verhalten ließen sich durch weitere Messungen klären.

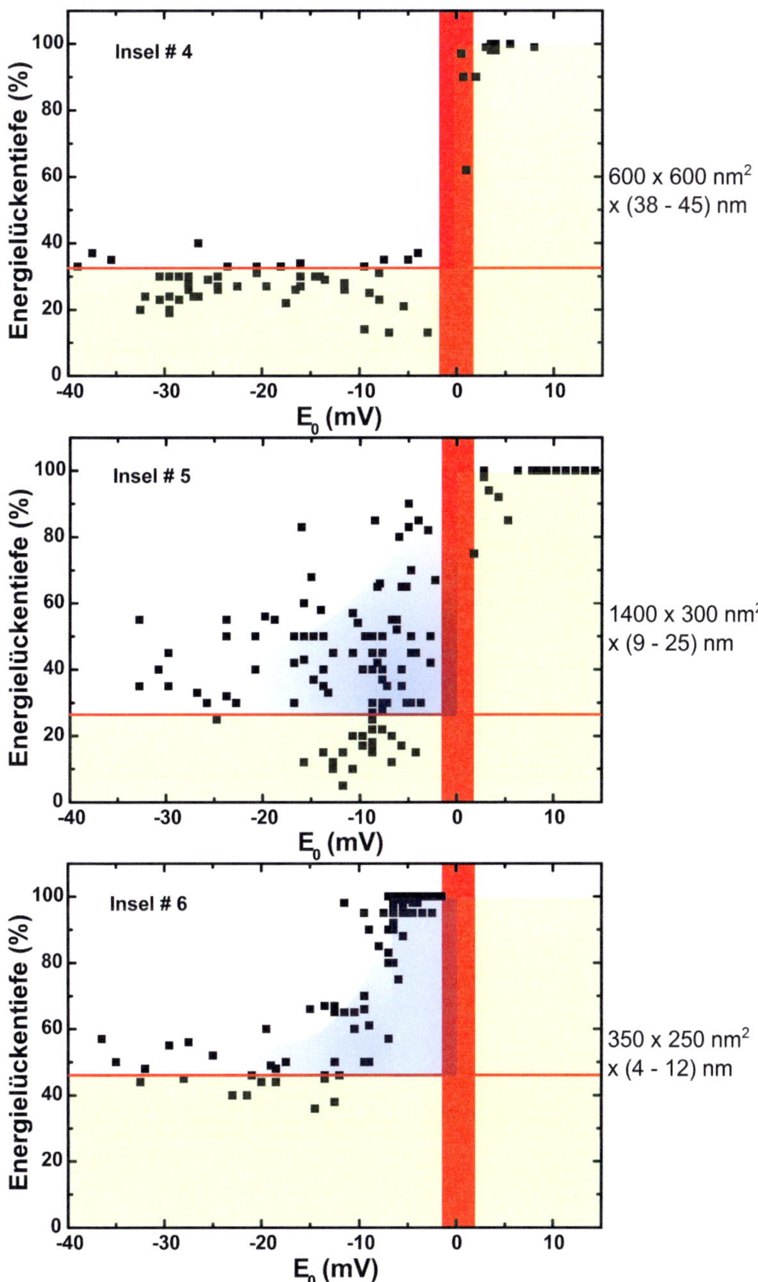

Abbildung 4.57: Übersicht der Statistiken zu den induzierten Energielücken der Ag-Inseln #4 − 6.

5 Zusammenfassung

In Rahmen dieser Arbeit wurden Ag-Inseln auf supraleitendem Nb(110) mit Hilfe der Rastertunnelmikroskopie untersucht. Die (110)-Oberfläche von Nb-Einkristallen konnte durch entsprechende Präparation sauerstofffrei hergestellt werden. Extensive Präparationsdauern führten zu einer geringen Kohlenstoffkonzentration an der Oberfläche, welche in der Ausbildung eines Übergitters resultierten. Rastertunnelspektren an einem Tieftemperatur-STM ($T_{\mathrm{min}} \approx 700\,\mathrm{mK}$) zeigten eine mit der BCS-Theorie konforme Energielücke an der ausreichend gereinigten Oberfläche und die Ausbildung eines Abrikosov-Gitters bei Erreichen der Shubnikov-Phase.

Das untersuchte Wachstumsverhalten an Schichtdicken, mit nominellen Höhen im Bereich $1-5\,\mathrm{nm}$, zeigte die Entstehung von Ag-Inseln unterschiedlichen Typs, bei Heizen auf Temperaturen $T \approx 600\,\mathrm{K}$. Einerseits entstehen Inseln rauen Typs, welche Inselränder mit bcc-Symmetrie aufweisen, andererseits Inseln glatten Typs mit Inselrändern mit fcc-Symmetrie. Letztere weisen einen elektronischen Oberflächenzustand auf, wie er von Ag(111)-Oberflächen erwartet wird. Es ist bekannt, dass bei Ag-Einkristallen in der Bandlücke der auf die Oberfläche projizierten Bandstruktur eine parabolische Dispersion mit einem Minimum bei $E_0 \approx -65\,\mathrm{meV}$ und einer effektiven Masse $m \approx 0.4 \cdot m_{\mathrm{e}}$ existiert. Im Fall der Ag-Inseln auf Nb(110) konnten durch Rastertunnelspektroskopie deutliche Abweichungen zu den Eigenschaften des Oberflächenzustands auf Ag-Einkristallen festgestellt werden. Das Bandminimum ist bei Ag-Inseln auf Nb(110) grundsätzlich zu höheren Energien in den Bereich ($-65\,\mathrm{meV} < E_0 < 30\,\mathrm{meV}$) verschoben. Dabei zeigten sich nahe der Inselränder die geringsten Abweichungen von den Einkristallwerten. Einen großen Einfluss auf die lokale mechanische Spannungsverteilung wird Defekten unterschiedlichster Art zugeschrieben.

DFT-Rechnungen für freie Silberschichten zeigen einen linearen Zusammenhang zwischen dem Bandminimum der Dispersion des Oberflächenzustands und der mechanischen Dehnung. Hierdurch konnten Leitwertkarten, also lateral aufgelöste $\mathrm{d}I/\mathrm{d}V$-Werte unterschiedlicher Ag-Inseln, in

Karten der lokalen mechanischen Spannung übersetzt werden. Zur Überprüfung der Plausibilität und zur Verbesserung des Verständnisses der Spannungsverteilung, wurden Simulationen mit Hilfe der Finite-Elemente-Methode für fiktive und reale Inselformen durchgeführt. Diese bestätigen, dass der größte Einfluss auf die lokale mechanische Spannung durch die Inselform und die unterschiedlichen Defekte zustande kommt. Die Inselhöhe selbst hatte hingegen einen geringeren Einfluss.

Eine aus Interferenzmustern bestimmte Dispersion der Oberflächenzustände weist auf eine Verringerung der effektiven Masse, verglichen mit Einkristallwerten, hin. Die durchgeführten DFT-Rechnungen ergeben hingegen nur eine sehr geringe Abhängigkeit der effektiven Masse von der vorhandenen Dehnung.

Der Einfluss der lokalen mechanischen Spannung auf die Dispersion des Oberflächenzustands erlaubte es, verschiedene Ag-Inseln in An- und Abwesenheit besetzter Oberflächenzustände zu untersuchen. Das Tieftemperaturrastertunnelmikroskop ermöglichte, durch Anlegen eines Magnetfeldes, eine Trennung der supraleitenden Eigenschaften von anderen Merkmalen. Hiermit ließ sich auch ein Abrikosov-Gitter gleichzeitig auf Niob und Ag-Inseln mit identischen Vortex-Durchmessern abbilden.

Drei, bei tiefen Temperaturen und unter Magnetfeldern untersuchte Ag-Inseln unterschiedlicher Größe, zeigten ein äußerst unterschiedliches Verhalten in Bezug auf das Zusammenspiel von OFZ und Supraleitung. Während es bei der höchsten Insel mit etwa 40 nm nur in den Volumenzuständen zu einer induzierten Supraleitung kommt, zeigen die Inseln mittlerer Höhe ($9 - 25$ nm) und niedrigerer Höhe ($4 - 12$ nm) einen Einfluss des Proximity-Effekts auf die Oberflächenzustände. Ein Teil der Oberflächenzustandsdichte scheint ebenfalls eine Energielücke auszubilden. Dies trifft insbesondere zu, wenn das Bandminimum des Oberflächenzustands der Fermi-Energie sehr nahe kommt, $|E_F - E_0| \lesssim 6 - 15$ meV. Da keine Hybridisierung von Volumen- und Oberflächenzuständen laut DFT-Rechnungen auftritt, stellt sich die Frage nach der Ursache der induzierten Energielücke der Oberflächenzustände und dem Zusammenhang mit der Lage der Dispersion. Zur Klärung dieser Frage wären Messungen an weiteren Ag-Inseln sehr niedriger Höhe, jedoch unterschiedlicher lateraler Ausdehnung, hilfreich. Es wäre dabei auch möglich, eine Insel mit Hilfe der Rastertunnelspitze entlang der Oberfläche in einer Dicke von wenigen Nanometern zu durchtrennen und erneut zu untersuchen. Dadurch könnte eine Abhängigkeit von der lateralen Inselausdehnung überprüft werden, insbesondere da eine Kopplung zwischen Oberflächenzuständen und Volumenzuständen ausschließlich an Defekten und damit insbesondere an den stets vorhandenen Inselrändern stattfindet. Schließlich ließe sich die Kopplung der Oberflächenzustände an das supraleitende Volumen und die damit verbundene induzierte Supraleitung in das zweidimensionale Elektronengas zweifelsfrei nachweisen.

A Details zu den FEM-Simulationen

Die in der Simulation verwendeten thermischen Ausdehnungskoeffizienten $\alpha(T)$ waren zum Teil bereits in Comsol Multiphysics temperaturabhängig enthalten. Zu tiefen Temperaturen hin musste jedoch mit Daten aus der Literatur ergänzt werden.

Für Silber konnte der Temperaturbereich von 30 bis 600 K übernommen werden. Für den Bereich $T < 30$ K wurde aus [108] und [90] ein mittlerer Ausdehnungskoeffizient von $\alpha = 5 \cdot 10^{-6}$ angenommen, so dass sich im Gesamten folgende, gerundeten Werte ergeben:

T	$\alpha(T)[10^{-6}]$
$5..30$ K	5
$30..87$ K	$14.006 + 0.06256 \cdot T - 3.7389 \cdot 10^{-4} \cdot T^2$ $+1.1160 \cdot 10^{-6} \cdot T^3 - 1.2073 \cdot 10^{-9} \cdot T^4$
$87..600$ K	$16.047 + 0.01577 \cdot T - 1.7191 \cdot 10^{-5} \cdot T^2$ $+6.9314 \cdot 10^{-9} \cdot T^3$

Die Daten für Niob wurden von 77 bis 600 K ebenfalls der Comsol-Datenbank entnommen. Für kleinere Temperaturen wurde erneut aus [90] ein mittlerer Ausdehnungskoeffizient $\alpha = 3 \cdot 10^{-6}$ abgeschätzt. Somit wurden für Niob nachfolgende Abhängigkeiten verwendet:

T	$\alpha(T)[10^{-6}]$
$5..77$ K	3
$77..600$ K	$5.7674 + 0.004698 \cdot T - 3.7844 \cdot 10^{-6} \cdot T^2$ $+1.4717 \cdot 10^{-9} \cdot T^3 - 1.8887 \cdot 10^{-13} \cdot T^4$

Weiterhin wurden die Elastizitätstensoren bei tiefen Temperaturen ($T \approx$ 5 K) für monokristallines Silber und Niob benötigt und diese auf die zueinander gehörenden Kristallachsen ausgerichtet.

Folgender Elastizitätstensor wurde [109] für Niob bei $T = 5\,\text{K}$ entnommen:

$$C^{\text{Nb}}[\text{GPa}] = \begin{pmatrix} 252.7 & 132.1 & 132.1 & 0 & 0 & 0 \\ 132.1 & 252.7 & 132.1 & 0 & 0 & 0 \\ 132.1 & 132.1 & 252.7 & 0 & 0 & 0 \\ 0 & 0 & 0 & 30.5 & 0 & 0 \\ 0 & 0 & 0 & 0 & 30.5 & 0 \\ 0 & 0 & 0 & 0 & 0 & 60.3 \end{pmatrix} . \tag{A.1}$$

Da der Niob-Einkristall in der <110>-Richtung ausgerichtet bzw. geschnitten ist und auch in der Simulation in z-Achsenrichtung zeigt, muss der Elastizitätstensor gedreht werden. Durch elementare Überlegungen findet sich die Drehmatrix

$$R_{\text{Nb}} = \begin{pmatrix} \frac{1}{\sqrt{2}} & -\frac{1}{\sqrt{2}} & 0 \\ 0 & 0 & -1 \\ \frac{1}{\sqrt{2}} & \frac{1}{\sqrt{2}} & 0 \end{pmatrix} , \tag{A.2}$$

welche die Kristallachsen wie folgt zum Koordinatensystem der Simulation ausrichtet:

- <1 1 0> in z-Richtung

- <1-1 0> in x-Richtung

- <0-1 0> in y-Richtung.

Durch die Anwendung der Drehmatrix auf den Elastizitätstensor

$$C^{\text{Nb,rot}}_{ijkl} = \sum_{p=1}^{3}\sum_{q=1}^{3}\sum_{r=1}^{3}\sum_{s=1}^{3} R^{\text{Nb}}_{pi} R^{\text{Nb}}_{qj} R^{\text{Nb}}_{rk} R^{\text{Nb}}_{sl} C^{\text{Nb}}_{ijkl} \tag{A.3}$$

erhält man

$$C^{\text{Nb,rot}}[\text{GPa}] = \begin{pmatrix} 229.0 & 161.9 & 132.1 & 0 & 0 & 0 \\ 161.9 & 229.0 & 132.1 & 0 & 0 & 0 \\ 132.1 & 132.1 & 252.7 & 0 & 0 & 0 \\ 0 & 0 & 0 & 30.5 & 0 & 0 \\ 0 & 0 & 0 & 0 & 30.5 & 0 \\ 0 & 0 & 0 & 0 & 0 & 60.3 \end{pmatrix} . \tag{A.4}$$

Der Elastizitätstensor monokristallinen Silbers wurde [110] bzw. [111] entnommen:

$$C^{\mathrm{Ag}}[\mathrm{GPa}] = \begin{pmatrix} 131.49 & 97.33 & 97.33 & 0 & 0 & 0 \\ 161.9 & 131.49 & 97.33 & 0 & 0 & 0 \\ 97.33 & 132.1 & 131.49 & 0 & 0 & 0 \\ 0 & 0 & 0 & 51.09 & 0 & 0 \\ 0 & 0 & 0 & 0 & 51.09 & 0 \\ 0 & 0 & 0 & 0 & 0 & 51.09 \end{pmatrix}.$$

(A.5)

Nachfolgende Drehmatrix

$$R_{\mathrm{Ag}} = \begin{pmatrix} \frac{1}{\sqrt{2}} & -\frac{1}{\sqrt{2}} & 0 \\ \frac{1}{\sqrt{6}} & \frac{1}{\sqrt{6}} & -\frac{2}{\sqrt{6}} \\ \frac{1}{\sqrt{3}} & \frac{1}{\sqrt{3}} & \frac{1}{\sqrt{3}} \end{pmatrix}$$

(A.6)

rotiert die Kristallachsen

- <1 1 1> in z-Richtung

- <1-1 0> in x-Richtung

- <1 1-2> in y-Richtung.

Durch die Rotationen fallen folgende Kristallachsen von Nb und Ag zusammen:

Ag	Nb
<1 1 1>	<1 1 0>
<1-1 0>	<1-1 0>
<1 1-2>	<0-1 0>

Hierbei wird die vorhandene leichte Rotation um 5.3° in bzw. gegen den Uhrzeigersinn aufgrund der Kurdjumov-Sachs-Orientierung der Ag-Kristallstruktur nicht berücksichtigt.

Der sich nach der Rotation ergebende Elastizitätstensor lautet:

$$C^{\text{Ag,rot}}[\text{GPa}] = \begin{pmatrix} 173.1 & 70.9 & 82.2 & -3.8 & -3.8 & 7.6 \\ 70.9 & 173.1 & 82.2 & -3.8 & -3.8 & 7.6 \\ 82.2 & 82.2 & 161.7 & 7.6 & 7.6 & 15.1 \\ -3.8 & -3.8 & 7.6 & 36.0 & -3.8 & -3.8 \\ -3.8 & -3.8 & 7.6 & -15.1 & 36.0 & -3.8 \\ 7.6 & 7.6 & -15.1 & -3.8 & -3.8 & 24.6 \end{pmatrix} \cdot \quad (\text{A.7})$$

B Abkürzungsverzeichnis

2DEG	Zweidimensionales Elektronengas
AES	Augerelektronenspektroskopie
BCS	Bardeen, Cooper, Schrieffer
DFT	Dichtefunktionaltheorie
FEM	Finite-Elemente-Methode
FFT	Fast Fourier Transform
JT-STM	Joule-Thomson-STM
LDOS	Local Density of States
LT-STM	Low Temperature-STM
LEED	Low-Energy Electron Diffraction
ML	Monolage(n)
N	Normalleiter
OFZ	Oberflächenzustand
PES	Photoelektronenspektroskopie
S	Supraleiter
STM	Scanning Tunneling Microscope
STS	Scanning Tunneling Spectroscopy

Literatur

[1] V. L. Ginzburg. In: *Zh. Eksperim. i Teor. Fiz.* 47 (1964), S. 2318.

[2] V. L. Ginzburg und D. A. Kirzhnits. In: *Zh. Eksperim. i Teor. Fiz.* 46 (1964), S. 397.

[3] V. L. Ginzburg. „On Two-Dimensional Superconductors". In: *Phys. Scripta* 27 (1988), S. 76.

[4] P. Monthoux und G. G. Lonzarich. „Magnetically mediated superconductivity in quasi-two and three dimensions". In: *Phys Rev. B.* 63 (2001), S. 05429. DOI: `10.1103/PhysRevB.63.054529`.

[5] P. Monthoux und G. G. Lonzarich. „Density-fluctuation-mediated superconductivity". In: *Phys. Rev. B* 69 (2004), S. 064517. DOI: `10.1103/PhysRevB.69.064517`.

[6] D. Eom, S. Qin, M.-Y. Chou und C. K. Shih. „Persistent Superconductivity in Ultrathin Pb Films: A Scanning Tunneling Spectroscopy Study". In: *Phys. Rev. Lett.* 96 (2006), S. 027005. DOI: `10.1103/PhysRevLett.96.027005`.

[7] T. Zhang, P. Cheng, W.-J. Li u. a. „Superconductivity in one-atomic-layer metal films grown on Si(111)". In: *Nature Physics* 6 (2010), S. 104. DOI: `10.1038/nphys1499`.

[8] K. Neurohr, A. A. Golubov, Th. Klocke u. a. „Properties of lateral Nb contacts to a two-dimensional electron gas in an $In_{0.77}Ga_{0.23}As/InP$ heterostructure". In: *Phys. Rev. B* 54 (1996), S. 17018. DOI: `10.1103/PhysRevB.54.17018`.

[9] J. Mannhart, D. H. A. Blank, H. Y. Hwang, A. J. Millis und J.-M. Triscone. „Two-dimensional electron gases at oxide interfaces". In: *MRS Bulletin* 33 (2008), S. 1027.

[10] A. F. Volkov, P. H. C. Magnee, B. J. van Wees und T. M. Klapwijk. „Proximity and Josephson effects in superconducter-two dimensional electron gas planar junctions". In: *Phys. C* 242 (1995), S. 261. DOI: `10.1016/0921-4534(94)02429-4`.

[11] H. A. Stalzer. „Magnetisierung von supraleitenden Nb/Ag- und Nb/Ag/Fe-Proximity-Schichtsystemen". Diss. Uni. Karlsruhe, 2005.

[12] O. Moutanabbir, M. Reiche, A. Hähnel u. a. „Strain Stability in Nanoscale Patterned Strained Silicon-On-Insulator". In: *ECS Trans.* 33 (2010), S. 511. DOI: `10.1149/1.3487581`.

[13] C. Wee. „Mobility-enhancement technologies". In: *IEEE Circ. and Dev. Mag.* 21 (2005), S. 21. DOI: `10.1109/MCD.2005.1438752`.

[14] G. Binnig, H. Rohrer, Ch. Gerber und E. Weibel. „Surface Studies by Scanning Tunneling Microscopy". In: *Phys. Rev. Lett.* 49.1 (1982), S. 57–61. DOI: `10.1103/PhysRevLett.49.57`.

[15] J. Bardeen. „Tunnelling from a Many-Particle Point of View". In: *Phys. Rev. Lett.* 6 (1961), S. 57. DOI: `10.1103/PhysRevLett.6.57`.

[16] J. Tersoff und D. R. Hamann. „Theory of the scanning tunneling microscope". In: *Phys. Rev. B* 31 (1985), S. 805. DOI: `10.1103/PhysRevB.31.805`.

[17] V. A. Ukraintsev. „Data evaluation technique for electron-tunneling spectroscopy". In: *Phys. Rev. B* 53 (1996), S. 11176. DOI: `10.1103/PhysRevB.53.11176`.

[18] V. L. Ginzburg und L. D. Landau. „To the theory of superconductivity". In: *Zh. Eksp. Teor. Fiz.* 20 (1950), S. 1064.

[19] J. Bardeen, L. N. Cooper und J. R. Schrieffer. „Microscopic Theory of Superconductivity". In: *Phys. Rev.* 106 (1957), S. 162. DOI: `10.1103/PhysRev.106.162`.

[20] J. Bardeen, L. N. Cooper und J. R. Schrieffer. „Theory of Superconductivity". In: *Phys. Rev.* 108 (1957), S. 1175. DOI: `10.1103/PhysRev.108.1175`.

[21] T. Klapwijk. „Proximity Effect from an Andreev perspective". In: *Journ. of Supercond.* 19 (2004), S. 593. DOI: `10.1007/s10948-004-0773-0`.

[22] B. Pannetier und H. Courtois. „Andreev Reflection and Proximity effect". In: *Journ. of Low Temp. Phys.* 118 (2000), S. 599.

[23] A. F. Andreev. „Thermal conductivity of the intermediate state of superconductors". In: *So. Phys. JETP* 19 (1964), S. 1228.

[24] H. Courtois, P. Gandit, B. Pannetier und D. Mailly. „Long-range coherence and mesoscopic transport in N-S metallic structures". In: *Superlatt. Microstr.* 25 (1999), S. 721. DOI: `10.1006/spmi.1999.0711`.

[25] P. G. de Gennes und D. Saint-James. „Elementary excitations in the vicinity of a normal metal-superconducting metal contact". In: *Phys. Lett.* 4 (1963), S. 151. DOI: `10.1016/0031-9163(63)90148-3`.

[26] O. Entin-Wohlman und J. Bar-Sagi. „Study of a superconductor—normal-metal interface in a finite geometry". In: *Phys. Rev. B* 18 (1978), S. 3174. DOI: `10.1103/PhysRevB.18.3174`.

[27] J. Hara und M. Ashida. „Pair potential and density of states in proximity-contact superconducting–normal-metal double layers". In: *Phys Rev. B.* 47 (1993), S. 11263. DOI: `10.1103/PhysRevB.47.11263`.

[28] S. Pilgram, W. Belzig und C. Bruder. „Excitation spectrum of mesoscopic proximity structures". In: *Phys. Rev. B* 62 (2000), S. 12462. DOI: `10.1103/PhysRevB.62.12462`.

[29] W. Belzig, F. K. Wilhelm, C. Bruder, G. Schön und A. D. Zaikin. „Quasiclassical Green's function approach to mesoscopic superconductivity". In: *Superlatt. Microstr.* 25 (1999), S. 1251. DOI: `10.1006/spmi.1999.0710`.

[30] W. L. McMillan. „Tunneling Model of the Superconducting Proximity Effect". In: *Phys. Rev.* 175 (1968), S. 537. DOI: `10.1103/PhysRev.175.537`.

[31] A. A. Golubov und M. Yu. Kuprianov. „Theoretical investigation of Josephson tunnel junctions with spatially inhomogeneous superconducting electrodes". In: *J. Low. Temp. Phys.* 70 (1988), S. 83. DOI: `10.1007/BF00683247`.

[32] A. A. Golubov, E. P. Houwman, J. G. Gijsbertsen u. a. „Proximity effect in superconductor-insulator-superconductor Josephson tunnel junctions: Theory and experiment". In: *Phys. Rev. B.* 51 (1995), S. 1073. DOI: 10.1103/PhysRevB.51.1073.

[33] W. Belzig, C. Bruder und G. Schön. „Local density of states in a dirty normal metal connected to a superconductor". In: *Phys. Rev. B* 54 (1996), S. 9443. DOI: 10.1103/PhysRevB.54.9443.

[34] J. C. Hammer, J. C. Cuevas, F. S. Bergeret und W. Belzig. „Density of states and supercurrent in diffusive SNS junctions: Roles of nonideal interfaces and spin-flip scattering". In: *Phys. Rev. B* 76 (2007), S. 064514. DOI: 10.1103/PhysRevB.76.064514.

[35] J. A. Venables. „Atomic processes in crystal growth". In: *Surf. Science* 299/300 (1994), S. 798. DOI: 10.1016/0039-6028(94)90698-X.

[36] H. Lüth. *Solid Surfaces, Interfaces and Thin Films*. Springer-Verlag, 2010.

[37] J. A. Venables, G. D. T. Spiller und M. Hanbücken. „Nucleation and growth of thin films". In: *Rp. Prog. Phys.* 47 (1984), S. 399. DOI: 10.1088/0034-4885/47/4/002.

[38] H. Ibach. *Physics of Surfaces and Interfaces*. Springer-Verlag, 2006.

[39] D. Gross, W. Hauger und P. Wriggers. *Technische Mechanik 4: Hydromechanik, Elemente der Höheren Mechanik, Numerische Methoden*. Springer-Verlag, 2012. DOI: 10.1007/978-3-642-16828-4.

[40] S. D. Kevan und R. H. Gaylord. „High-resolution photoemission study of the electronic structure of the noble-metal (111) surfaces". In: *Phys. Rev. B* 36 (1987), S. 5809. DOI: 10.1103/PhysRevB.36.5809.

[41] M. P. Everson, R. C. Jaklevic und W. Shen. „Measurement of the local density of states on a metal surface: Scanning tunneling spectroscopic imaging of gold(111)". In: *J. Vac. Sci. Technol.* 8 (1990), S. 3662. DOI: 10.1116/1.576476.

[42] L. C. Davis, M. P. Everson, R. C. Jaklevic und W. Shen. „Theory of the local density of surface states on a metal: Comparison with scanning tunneling spectroscopy of a Au(111) surface". In: *Phys. Rev. B* 43 (1991), S. 3821. DOI: 10.1103/PhysRevB.43.3821.

[43] T.-S. Choy, J. Naset, J. Chen, S. Hershfield und C. Stanton. „A database of fermi surface in virtual reality modeling language (vrml)". In: *Bull. Am. Phys. Soc.* 45 (2000), S. L36.

[44] I. Tamm. In: *Phys. Z. Soviet Union* 1 (1932), S. 733.

[45] Sydney G. Davison und Maria Steslicka. *Basic Theory of Surface States*. Oxford Science Publications, 1992.

[46] W. Shockley. „On the Surface States Associated with a Periodic Potential". In: *Phys. Rev.* 56 (1939), S. 317. DOI: `10.1103/PhysRev.56.317`.

[47] F. Reinert, . Nicolay, S. Schmidt, D. Ehm und S. Hüfner. „Direct measurements of the L-gap surface states on the (111) face of noble metals by photoelectron spectroscopy". In: *Phys. Rev. B* 63 (2001), S. 115415. DOI: `10.1103/PhysRevB.63.115415`.

[48] E. I. Rashba. „Properties of semiconductors with an extremum loop". In: *Sov. Phys. Solid State* 2 (1960), S. 1109.

[49] G. Bihlmayer, Yu. M. Koroteev, P. M. Echenique, E. V. Chulkov und S. Blügel. „The Rashba-effect at metallic surfaces". In: *Surf. Science* 600 (2006), S. 3888. DOI: `10.1016/j.susc.2006.01.098`.

[50] M. Nagano, A. Kodama, T. Shishidou und T. Oguchi. „A first-principles study on the Rashba effect in surface systems". In: *Journ. Phys. Cond. Matt.* 21 (2009), S. 064239. DOI: `10.1088/0953-8984/21/6/064239`.

[51] J. Kliewer, R. Berndt, E. V. Chulkov u. a. „Dimensionality Effects in the Lifetime of Surface States". In: *Science* 288 (2000), S. 1399. DOI: `10.1126/science.288.5470.1399`.

[52] M. F. Crommie, C. P. Lutz und D. M. Eigler. „Confinement of electrons to quantum corrals on a metal surface". In: *Science* 262 (1993), S. 218. DOI: `10.1038/369464a0`.

[53] H. Jensen, J. Kröger und R. Berndt. „Electron dynamics in vacancy islands: Scanning tunneling spectroscopy on Ag(111)". In: *Phys. Rev. B* 71 (2005), S. 155417. DOI: `10.1103/PhysRevB.71.155417`.

[54] L. Bürgi, O. Jeandupeux, A. Hirstein, H. Brune und K. Kern. „Confinement of Surface State Electrons in Fabry-Pérot Resonators". In: *Phys. Rev. Lett.* 81 (1998), S. 5370. DOI: `10.1103/PhysRevLett.81.5370`.

[55] K. Morgenstern, K.-F. Braun und K.-H. Rieder. „Surface-State Depopulation on Small Ag(111) Terraces". In: *Phys. Rev. Lett.* 89 (2002), S. 226801. DOI: `10.1103/PhysRevLett.89.226801`.

[56] J. Li und W.-D. Schneider. „Local density of states from spectroscopic scanning-tunneling-microscope images: Ag(111)". In: *Phys. Rev. B* 56 (1997), S. 7656. DOI: `10.1103/PhysRevB.56.7656`.

[57] M. Becker, S. Crampin und R. Berndt. „Theoretical analysis of STM-derived lifetimes of excitations in the Shockley surface-state band of Ag(111)". In: *Phys. Rev. B* 73 (2006), S. 081402. DOI: `10.1103/PhysRevB.73.081402`.

[58] J. Kröger, M. Becker, H. Jensen u. a. „Dynamics of surface-localised electronic excitations studied with the scanning tunneling microscope". In: *Progr. Surf. Science* 82 (2007), S. 293. DOI: `10.1016/j.progsurf.2007.03.003`.

[59] C. Sürgers, M. Schöck und H. v. Löhneysen. „Oxygen-induced surface structure of Nb(110)". In: *Surf. Science* 471 (2001), S. 209. DOI: `10.1016/S0039-6028(00)00908-0`.

[60] B. An, S. Fukuyama, K. Yokogawa und M. Yoshimura. „Surface structures of clean and oxidized Nb(100) by LEED, AES and STM". In: *Phys. Rev. B* 68 (2003), S. 115423. DOI: `10.1103/PhysRevB.68.115423`.

[61] I. Arfaoui, J. Cousty und C. Guillot. „A model of the $NbO_{x\approx1}$ nanocrystals tiling a Nb(1 1 0) surface annealed in UHV". In: *Surf. Science* 557 (2004), S. 119. DOI: `10.1016/j.susc.2004.03.025`.

[62] A. S. Razinkin und M. V. Kuznetsov. „Scanning Tunneling Microscope (STM) of Low-Dimensional NbO Structures on the Nb(110) Surface". In: *Phys. Met. and Metall.* 110 (2010), S. 531. DOI: `10.1134/S0031918X10120033`.

[63] R. Franchy, T.U. Bartke und P. Gassmann. „The interaction of oxygen with Nb(110) at 300, 80 and 20 K". In: *Surf. Science* 366 (1996), S. 60. DOI: `10.1016/0039-6028(96)00781-9`.

[64] M. Grundner und J. Halbritter. „On the natural Nb_2O_5 growth on Nb at room temperature". In: *Surf. Science* 136 (1983), S. 144. DOI: `10.1016/0039-6028(84)90661-7`.

[65] A. Darlinksi und J. Halbritter. „On angle resolved x-ray photoelectron spectroscopy of oxides, serrations, and protrusions at interfaces“. In: *J. Vac. Sci. Technol.* 5 (1987), S. 1235. DOI: `10.1116/1.574779`.

[66] J. Halbritter. „On the Oxidation and on the Superconductivity of Niobium“. In: *Appl. Phys. A* 43 (1987), S. 1. DOI: `10.1007/BF00615201`.

[67] T. Becker, H. Hövel, M. Tschudy und B. Reihl. „Applications with a new low-temperature UHV STM at 5K“. In: *Appl. Phys. A* 66 (1998), S. 27. DOI: `10.1007/s003390051093`.

[68] D. Stöffler. „Herstellung dünner metallischer Brücken durch Elektromigration und Charakterisierung mit Rastersondentechniken“. Diss. Phys. Inst.; KIT, 2012. URL: `http://digbib.ubka.uni-karlsruhe.de/volltexte/1000026612`.

[69] L. Zhang. „Aufbau und Test eines mK-Rastertunnelmikroskops“. Diplomarbeit. Phys. Inst. - Universität Karlsruhe (TH), 2008.

[70] L. Zhang, T. Miyamachi, T. Tomanic, R. Dehm und W. Wulfhekel. „A compact sub-Kelvin ultrahigh vacuum scanning tunneling microscope with high energy resolution and high stability“. In: *Rev. Sci Instrum.* 82 (2011), S. 103702. DOI: `10.1063/1.3646468`.

[71] M. V. Kuznetsov, A. S. Razinkin und A. L. Ivanovskii. „Oxide nanostructures on a Nb surface and related systems: experiments and ab initio calculations“. In: *Physics-Uspekhi* 53 (2010), S. 995. DOI: `10.3367/UFNe.0180.201010b.1035`.

[72] Kenton D. Childs. *Handbook of Auger electron spectroscopy.* Hrsg. von Carol L. Hedberg. Physical Electronics Inc., 1995.

[73] R. A. French. „Intrinsic type-2 superconductivity in pure niobium“. In: *Cryogenics* 8 (1968), S. 301. DOI: `10.1016/S0011-2275(68)80007-4`.

[74] H. F. Hess, R. B. Robinson nd R. C. Dynes, J. M. Valles und J. V. Waszczak. „Scanning-Tunneling-Microscope Observation of the Abrikosov Flux Lattice and the Density of States near and inside a Fluxoid“. In: *Phys. Rev. Lett.* 62 (1989), S. 214. DOI: `10.1103/PhysRevLett.62.214`.

[75] J. D. Shore, M. Huang, A. T. Dorsey und J. P. Sethna. „Density of States in a Vortex Core and the Zero-Bias-Tunneling Peak". In: *Phys. Rev. Lett.* 62 (1989), S. 3089. DOI: `10.1103/PhysRevLett.62.3089`.

[76] B. W. Maxfield und W. L. McLean. „Superconducting Penetration Depth of Niobium". In: *Phys. Rev.* 139 (1965), S. 1515. DOI: `10.1103/PhysRev.139.A1515`.

[77] D. K. Finnemore, T. F. Stromberg und C. A. Swenson. „Superconducting Properties of High-Purity Niobium". In: *Phys. Rev.* 149 (1966), S. 231. DOI: `10.1103/PhysRev.149.231`.

[78] H. Padamsee, J. Knobloch und T. Hays. *RF superconductivity for accelerators.* John Wiley & Sons, 1998.

[79] M. W. Ruckman und L. Jiang. „Growth and thermal stability of Ag or Au films on Nb(110)". In: *Phys. Rev. B* 38 (1988), S. 2959. DOI: `10.1103/PhysRevB.38.2959`.

[80] G. V. Kurdjumov und G. Sachs. „Über den Mechanismus der Stahlhärtung". In: *Z. Phys* 64 (1930), S. 325.

[81] B. Predel. *Landolt-Börnstein - Group IV Physical Chemistry Numerical Data and Functional Relationships in Science and Technology.* Hrsg. von O. Madelung. Springer-Verlag. DOI: `10.1007/b20007`.

[82] M. Miyazaki und H. Hirayama. „Thickness- and deposition temperature-dependent morphological change in electronic growth of ultra-thin Ag films on Si(111) substrates". In: *Surf. Science* 602 (2007), S. 276. DOI: `10.1016/j.susc.2007.10.028`.

[83] H. Hirayama. „Growth of atomically flat ultra-thin Ag films on Si surfaces". In: *Surf. Science* 603 (2009), S. 1492. DOI: `10.1016/j.susc.2008.09.057`.

[84] C. -S Jiang, H. Yu, C.-K Shih und Ph. Ebert. „Effect of the substrate structure on the growth of two-dimensional thin Ag-films". In: *Surf. Science* 518 (2002), S. 63. DOI: `10.1016/S0039-6028(02)02090-3`.

[85] A. R. Smith, K.-J. Chao, Q. Niu und C.-K. Shih. „Formation of Atomically Flat Silver Films on GaAs with a "Silver Mean" Quasi Periodicity". In: *Science* 273 (1996), S. 226. DOI: `10.1126/science.273.5272.226`.

[86] Z. Zhang, Q. Niu und C.-K. Shih. „"Electronic Growth" of Metallic Overlayers on Semiconductor Substrates". In: *Phys. Rev. Lett.* 80 (1998), S. 5381. DOI: `10.1103/PhysRevLett.80.5381`.

[87] G. Neuhold und K. Horn. „Depopulation of the Ag(111) Surface State Assigned to Strain in Epitaxial Films". In: *Phys. Rev. Lett.* 78 (1997), S. 1327. DOI: `10.1103/PhysRevLett.78.1327`.

[88] J. Christiansen, K. Morgenstern, K. W. Jacobsen K.-F.Braun J. Schiotz u. a. „Atomic-Scale Structure of Dislocations Revealed by Scanning Tunneling Microscopy and Molecular Dynamics". In: *Phys. Rev. Lett.* 88 (2002), S. 206106. DOI: `10.1103/PhysRevLett.88.206106`.

[89] S. Heidorn und K. Morgenstern. „Spatial variation of the surface state onset close to three types of surface steps on Ag(111) studied by scanning tunneling spectroscopy". In: *New. J. Phys.* 13 (2011), S. 033034. DOI: `10.1088/1367-2630/13/3/033034`.

[90] B. Eisenmann und H. Schäfer. *SpringerMaterials - The Landolt-Börnstein Database.* Springer-Verlag. DOI: `10.1007/10332970_5`.

[91] K. Sawa, Y. Aoki und H. Hirayama. „Thickness dependence of Shockley-type surface states of Ag(111) ultrathin films on Si(111)7x7 substrates". In: *Phys. Rev. B* 80 (2009), S. 035428. DOI: `10.1103/Phys RevB.80.035428`.

[92] G. Kresse und J. Hafner. „Ab initio molecular-dynamics simulation of the liquid-metal-amorphous-semiconductor". In: *Phys. Rev. B.* 49 (1994), S. 14251. DOI: `10.1103/PhysRevB.49.14251`.

[93] G. Kresse und J. Furthmüller. „Efficient iterative schemes for ab initio total-energy calculations using a plane-wave basis set". In: *Phys. Rev. B.* 54 (1996), S. 11169. DOI: `10.1103/PhysRevLett.77.386 5`.

[94] P. E. Blöchl. „Projector augmented-wave method". In: *Phys. Rev. B.* 50 (1994), S. 17953. DOI: `10.1103/PhysRevB.50.17953`.

[95] J. P. Perdew, K. Burke und Matthias Ernzerhof. „Generalized Gradient Approximation Made Simple". In: *Phys. Rev. Lett.* 77 (1996), S. 3865. DOI: `10.1103/PhysRevB.49.14251`.

[96] R. Paniago, R. Matzdorf und G. Meister A. Goldmann. „Temperature dependence of Shockley-type surface energy bands on Cu(111), Ag(111) and Au(111)". In: *Surf. Science* 336 (1995), S. 113. DOI: `10.1016/0039-6028(95)00509-9`.

[97] R. von Mises. „Mechanik der plastischen Formänderung von Kristallen". In: *Zeitschr. f. Angew. Math. und Mech.* 8 (1928), S. 161. DOI: `10.1002/zamm.19280080302`.

[98] A. P. Cracknell. *Landolt-Börnstein - Numerical Data and Functional Relationships in Science and Technology, Metals: Phonon and Electronic States, Fermi surfaces*. Hrsg. von K.-H. Hellwege und J. L. Olsen. Springer-Verlag, 1984. DOI: `10.1007/b19990`.

[99] J. F. Wolf, B. Vicenzi und H. Ibach. „Step roughness on a vicinal Ag(111)". In: *Surf. Science* 249 (1991), S. 233–236. DOI: `10.1007/BF00324423`.

[100] K. Sawa, Y. Aoki und H. Hirayama. „Dislocation-Induced Local Modulation of the Surface States of Ag(111) Thin Films on Si(111) 7x7 Substrates". In: *Phys. Rev. Lett.* 104 (2010), S. 016806. DOI: `10.1103/PhysRevLett.104.016806`.

[101] Michael Wolz. „Untersuchung des supraleitenden Proximity-Effekts mit Normalleitern und Ferromagneten mittels Rastertunnel-Spektroskopie". Diss. Universität Konstanz, 2011. URL: `http://nbn-resolving.de/urn:nbn:de:bsz:352-140627`.

[102] W. Escoffier, C. Chapelier und F. Lefloch. „Ballistic effects in a proximity induced superconducting diffusive metal". In: *Phys. Rev. B* 72 (2005), S. 140502. DOI: `10.1103/PhysRevB.72.140502`.

[103] E. L. Wolf. *Principles of Electron Tunneling Spectroscopy*. Hrsg. von R. D. Parks. Oxford University Press, 1989.

[104] M. R. Eskildsen, M. Kugler, S. Tanaka u. a. „Vortex imaging in the π Band of Magnesium Diboride". In: *Phys. Rev. Lett.* 89 (2002), 187003. DOI: `10.1103/PhysRevLett.89.187003`.

[105] A. Kohen, T. Cren, Th. Proslier u. a. „Superconducting vortex profile from fixed point measurements the "Lazy Fishermann" tunneling microscope method". In: *Apl. Phys. Lett.* 86 (2005), S. 212503. DOI: `10.1063/1.1939077`.

[106] C. R. Ast, G. Wittich, P. Wahl u. a. „Local detection of spin-orbit splitting by scanning tunneling spectroscopy". In: *Phys Rev. B.* 75 (2007), S. 201401. DOI: 10.1103/PhysRevB.75.201401.

[107] H. Hirayama, Y. Aoki und C. Kato. „Quantum Interference of Rashba-Type Spin-Split Surface State Electrons". In: *Phys. Rev. Lett.* 107 (2011), S. 027204. DOI: 10.1103/PhysRevLett.107.027204.

[108] M. Dubiel, A. Chasse, J. Haug, R. Schneider und H. Kruth. „Thermal Expansion Behaviour of Silver Examined by Extended XRay Absorption Fine Structure Spectroscopy". In: *AIP Conf. Proc.* 882 (2007), S. 407. DOI: 10.1063/1.2644540.

[109] D. J. Hayes und F. R. Brotzen. „Elastic constants of niobiumrich zirconium alloys between 4.2 K and room temperature". In: *J. Appl. Phys.* 45 (1974), S. 1721. DOI: 10.1063/1.1663481.

[110] G. Simmons und H. Wang. *Single Crystal Elastic Constants and Calculated Aggregate Properties: A Handbook, second ed.* MIT Press, Cambridge, MA, 1971.

[111] P. Lin, X.-S. Yan, X. Qi und L. Yang. „Investigating the temperature dependence of elastic constants by thermal fluctuation formula". In: *Physica B* 406 (2011), S. 3018. DOI: 10.1016/j.physb.2011.04.069.

Danksagung

Das Gelingen einer Promotion hängt in nicht unerheblichem Maße von zahlreichen weiteren Personen ab, denen ich an dieser Stelle herzlich danken möchte.

Allen voran danke ich Prof. v. Löhneysen für die Betreuung, Unterstützung und zahlreiche Diskussionen über die gesamte Zeit, welche sich von der Diplomarbeit beginnend bis zur Promotion erstreckte.

Prof. Wulfhekel danke ich für diverse Diskussionen und insbesondere für die Bereitstellung des JT-STM, ohne welches keine Tieftemperaturdaten möglich gewesen wären.

Ganz besonders möchte ich mich bei Christoph Sürgers bedanken, der mit seiner Betreuung maßgeblich zum Erfolg beigetragen hat. Er fand auch in Momenten größter Hektik Zeit für diverse Widrigkeiten des physikalischen Alltags.

Für die Unterstützung von Seiten der Theorie danke ich R. Heid und K.-P. Bohnen vom Institut für Festkörperphysik für die DFT-Rechnungen an Ag-Schichten. Prof. Schmalian vom Institut für Theorie der kondensierten Materie und Prof. Belzig, der die Quantum Transport Group an der Universität Konstanz leitet, danke ich für Gespräche über diverse Fragestellungen der Supraleitung an Ag-Inseln.

Der mechanischen Werkstatt unter der Leitung von Herr Dehm und elektronischen Werkstatt unter der Leitung von Herr Jehle möchte ich mich für die schnelle und unkomplizierte Umsetzung zahlreicher kleinerer und größerer Arbeiten bedanken.

Den zwei IT-Administratoren Lars Behrens und Richard Montbrun danke ich, dass sie die Computer stets am Laufen hielten, auch wenn wir Nutzer manchmal etwas sorglos damit umgingen.

Allen Kollegen der Arbeitsgruppe und des gesamten Instituts danke ich für die tolle Zusammenarbeit. Es herrschte stets eine angenehme Atmosphäre am Institut. Insbesondere danke ich Dominik Stöffler und Richard Montbrun, die über das Studium bis hin zur Promotion mehr als nur Kollegen wurden. Gemeinsam waren entmutigende Augenblicke einfacher zu erdulden.

Für den nötigen Rückhalt danke ich meiner Familie und ganz besonders Marie Moldenhauer. In stressvollen Momenten konnte man stets auf Zuspruch und Unterstützung vertrauen. Nicht selten war man durch die Arbeit viel zu eingebunden.

Experimental Condensed Matter Physics
(ISSN 2191-9925)

Herausgeber
Physikalisches Institut
Prof. Dr. Hilbert von Löhneysen
Prof. Dr. Alexey Ustinov
Prof. Dr. Georg Weiß
Prof. Dr. Wulf Wulfhekel

Die Bände sind unter www.ksp.kit.edu als PDF frei verfügbar oder
als Druckausgabe bestellbar.